Golnaz Fazeli

Receção de biogás por digestão anaeróbia a partir de resíduos de frutas e legumes

Golnaz Fazeli

Receção de biogás por digestão anaeróbia a partir de resíduos de frutas e legumes

ScienciaScripts

Imprint

Cover image: www.ingimage.com

This book is a translation from the original published under ISBN 978-3-659-81478-5.

Publisher:
Sciencia Scripts
is a trademark of
Dodo Books Indian Ocean Ltd. and OmniScriptum S.R.L publishing group

120 High Road, East Finchley, London, N2 9ED, United Kingdom
Str. Armeneasca 28/1, office 1, Chisinau MD-2012, Republic of Moldova, Europe
Printed at: see last page
ISBN: 978-620-7-88514-5

ÍNDICE DE CONTEÚDOS:

Receção de biogás por digestão anaeróbia a partir de resíduos de frutas e legumes

Por Golnaz Fazeli

Resumo

O objetivo deste estudo é gerir os resíduos de frutas e legumes como parte dos resíduos sólidos urbanos (RSU) e produzir biogás como combustível barato a partir destes resíduos. Neste artigo, um alimento que constitui os resíduos produzidos pelos mercados de frutas e legumes, como diferentes cucurbitáceas, legumes e frutas, foi utilizado para produzir biogás através do processo de digestão anaeróbia. Os compostos que entram no digestor como alimento foram seleccionados a partir de cucurbitáceas em 75% e de frutos e legumes em 25%. Estes alimentos foram introduzidos no digestor em 5 fases ao longo de 25 dias e a extração de gás foi feita de três em três dias. Foram também registados parâmetros como a relação carbono/azoto, a percentagem total de sólidos, a necessidade química de oxigénio dos alimentos e a percentagem de extração de metano. Nesta investigação, os valores mínimo e máximo da CQO dos alimentos foram medidos na quinta e na primeira fase de carregamento, respetivamente. Os valores mínimos e máximos da relação C/N dos alimentos também foram observados na terceira e na primeira carga, respetivamente. Além disso, a percentagem mais elevada de sólidos (TS) foi observada na primeira fase de carregamento da experiência. No primeiro estágio de regaseificação, um baixo volume de gás (comparado ao volume de pico de produção), devido à baixa quantidade de alimento no tanque, foi produzido em 0,94 litros. Na quarta fase de regaseificação, observou-se um súbito e elevado volume de produção de biogás (1,76 litros), resultante do terceiro carregamento, do aumento da temperatura do digestor e de os organismos terem atingido o seu pico de atividade antes do décimo quinto dia. Na quinta fase, como o pico de atividade terminou concomitantemente com o quarto carregamento, verificou-se uma queda no volume de extração de gás (0,24 litros). O exame da percentagem de extração de metano do biogás mostra que a taxa deste gás aumentou de 14% na primeira fase de regaseificação para 73% na oitava fase de regaseificação e teve uma relação direta com o tempo de retenção do alimento no digestor.

Palavras-chave: digestão anaeróbia, resíduos de frutas e legumes, biogás, metano, relação C/N

Introdução

As preocupações com as alterações climáticas e a necessidade de segurança energética levaram a um interesse crescente em tecnologias respeitadoras do ambiente e na produção de energia renovável. A digestão anaeróbia tornou-se uma tecnologia importante para a gestão dos resíduos sólidos urbanos, juntamente com a produção de metano. A digestão anaeróbia tem muitas vantagens em relação a outras tecnologias de biomassa, como a queima de biomassa. A digestão anaeróbia requer menos energia e uma utilização muito eficiente de todos os tipos de matéria orgânica [Fang et al., 2011]. Milhões de toneladas de resíduos são produzidos anualmente a partir de recursos agrícolas, municipais e industriais. Os resíduos agrícolas, incluindo o estrume animal, são fontes importantes de resíduos sólidos. A quantidade de estrume produzida nos Estados Unidos é 130 vezes superior aos resíduos humanos. Em 2002, os Estados Unidos consideraram as perdas de estrume como um dos principais problemas ambientais nacionais [Macias et al., 2008].

O Irão ocupa também um lugar especial tendo em conta a necessidade crescente de energia, a limitação dos combustíveis fósseis, a necessidade de manter um ambiente saudável e de reduzir a poluição atmosférica, bem como o abastecimento de combustível a aldeias remotas. Atualmente, as crises políticas e económicas dos países dependem da sua utilização de fontes fósseis. O esgotamento dos recursos fósseis não é apenas uma ameaça para os países exportadores, mas também uma grande preocupação para o sistema económico [Omrani, 1997]. No Irão, existem atualmente vários centros de implementação de novas aplicações energéticas, mas muitos desafios e questões continuam sem resposta na justificação e defesa do desenvolvimento e exploração dessas energias. No entanto, a utilização no Irão da tecnologia mais avançada a nível mundial para a utilização de resíduos urbanos, em particular resíduos de frutas e legumes, não só poupa energia, como também evita a poluição ambiental e não põe em perigo a saúde dos seres humanos. O principal objetivo desta investigação é aplicar o processo de digestão anaeróbia como uma tecnologia para minimizar a entrada de matéria orgânica no digestor e a utilização do metano produzido como fonte de energia.

Nesta investigação, os resíduos dos mercados de frutas e legumes foram utilizados como alimentos para o digestor. Considerando que, no presente estudo, foram utilizados como matérias-primas três tipos de resíduos orgânicos, incluindo legumes, frutas e cucurbitáceas, tal parece ser eficaz para melhorar o processo de digestão anaeróbia.

CAPÍTULO 1

1-Hipóteses de investigação

As alterações climáticas são um dos problemas do mundo atual. Desde a Revolução Industrial, as actividades humanas, especialmente a utilização de combustíveis fósseis para a produção de eletricidade, têm sido uma das possíveis causas das alterações climáticas [Hosseini, 2012]. A emissão da combustão de combustíveis fósseis e as consequências da elevação do dióxido de carbono atmosférico têm ameaçado o mundo com mudanças dramáticas (Hartmann e Ahring, 2005).

Uma alternativa é a utilização de portadores de energia provenientes de fontes de biomassa, como o biogás, que podem ser utilizados para gerar eletricidade ou calor. Uma vez que o calor é normalmente produzido em paralelo com o processo de produção de eletricidade, é possível recuperar calor neste processo. Estas instalações são designadas por centrais eléctricas ou[1] unidades de produção de eletricidade CHP (combined heat & power) [Hartmann e Ahring, 2005].

Um olhar sobre o estado da aplicação das energias renováveis revela que, entre estes recursos, a energia da biomassa representa cerca de 79,9 por cento do total da aplicação global. Com base nos últimos números divulgados em 2009, os países que lideram a produção de energia a partir de fontes de biomassa são os EUA, o Brasil, as Filipinas, a Alemanha, a Suécia e a Finlândia[2] [New Energy Organization (SANA), 2011].

Os recursos de biomassa são uma fonte privilegiada de energia renovável que pode substituir os combustíveis para transportes a curto prazo [Sun, 2002; Hame linck et al., 2005; Chandra et al., 2012].

Existem vários métodos de extração de energia a partir de resíduos orgânicos [Shabani Kia et al., 2001], que se dividem em vários métodos básicos, como a queima, a produção de bioetanol e a síntese termoquímica de gás e biogás [Ghardashi e Adl, 2001].

O mais importante destes métodos, aprovado pela Organização Mundial da Saúde e pela Proteção do Ambiente, é a utilização da tecnologia de digestão da biomassa e de produção de biogás, que é atualmente utilizada em muitos países das Américas, da Europa e da Ásia. Por exemplo, uma central eléctrica de 25 megawatts em Los Angeles utiliza as águas residuais domésticas para produzir eletricidade [Shabani Kia et al., 2001].

O tratamento anaeróbio envolve a decomposição da matéria orgânica na ausência de oxigénio livre, resultando na produção de metano, dióxido de carbono, amoníaco, bem como de todos os outros gases e ácidos orgânicos de baixo peso molecular [Lopes et al., 2004; Lianhua et al., 2010].

A tecnologia de produção de biogás baseia-se no fenómeno de biodegradação orgânica na ausência de oxigénio do ar, fornecendo um combustível barato e adequado, juntamente com um fertilizante de qualidade, utilizando resíduos orgânicos. Vários factores afectam a produção de biogás, incluindo a temperatura, a humidade, o pH, a mistura, a relação carbono/nitrogénio (C/N), etc. O presente estudo investigou o efeito da digestão anaeróbia de

[1] Produção combinada de calor e eletricidade
[2] Organização das Energias Renováveis do Irão

uma matéria-prima mista no processo de produção de biogás. Esta abordagem pressupõe que um digestor híbrido aumentaria a quantidade de produção de biogás e reduziria o tempo de produção de biogás, o que exige a comparação da digestão de um resíduo orgânico misto com uma única digestão anaeróbia. Para além de alterar o tipo de substrato de um único para um tipo combinado, o aumento da qualidade do biogás conduzirá a um melhor rendimento de biogás.

O valor térmico do biogás depende da percentagem de metano produzido, que, por sua vez, está diretamente relacionado com a qualidade da matéria orgânica introduzida no tanque de fermentação do sistema de biogás.

Quanto maior a produção de metano, maior a capacidade de queima do gás. Se a quantidade de dióxido de carbono no biogás for superior a 50%, o biogás não é combustível.

Devido à presença de dióxido de carbono no biogás como gás à prova de fogo, um aumento do dióxido de carbono na mistura de biogás reduzirá consideravelmente o seu valor térmico e a sua inflamabilidade. A produção de gás tem uma tendência crescente com o aumento do tempo de retenção, ou seja, será produzido mais metano com um tempo de retenção mais longo.

A produção cada vez maior de resíduos sólidos provenientes de actividades urbanas, em particular os resíduos dos mercados de frutas e legumes produzidos diariamente em grandes quantidades, resulta em problemas ambientais em termos de contaminação visual, agregação de animais nocivos urbanos, custos de transporte, etc.

Por conseguinte, este estudo investigou a viabilidade da análise de resíduos através de um método anaeróbio in situ para os converter noutros compostos utilizáveis e reduzir os riscos ambientais, a fim de apresentar propostas e soluções relevantes.

O uso deste processo pode ser considerado como um complemento essencial para as instalações de complexos de serviços, tais como mercados de frutas, que fornecem um suprimento diário de nutrientes como matéria-prima para a produção de biogás.

Um dos problemas dos mercados de frutas e legumes é o controlo e a transferência dos resíduos diários, que causam problemas ambientais.

A utilização de biogás minimiza a carga poluente para o ambiente e a utilização do gás resultante permite poupar outros combustíveis devido à possibilidade de utilizar sólidos e líquidos no processo de produção de gás.

Os resíduos normalmente produzidos nos mercados diários de fruta podem ser considerados como potencialmente perigosos, incluindo danos para a saúde humana. Estes resíduos diários podem ser convertidos em fertilizantes orgânicos e outros produtos utilizáveis através da implementação deste processo.

Foi relatado que uma média de 22,25 toneladas de resíduos de frutas e legumes são descartados nos mercados diários de frutas e legumes em Teerão (Cheraghali e Abbasi, 2007). Existem pelo menos 15 mercados de frutas e legumes e 187 mercados locais em Teerão, cujas características de produção de resíduos e a gestão atual dos mesmos são apresentadas no Quadro 1-1 [Organização de Frutas e Legumes, Município de Teerão, 2014].

Tabela 1.1. Quantidade (kg/dia) de resíduos nos mercados de frutas e legumes em Teerão

Row	Market	Wet waste weight (unit/day)	Present waste management
1	Lavasani Sq.	2200	Move to Kahrizak
2	Sadeghieh Sq.	3300	"
3	Heravi Sq.	1100	"
4	Azadegan Sq.	2200	"
5	Piroozi Sq.	2050	"
6	Sohrevardi Sq.	2100	"
7	Sharan Sq.	1800	"
8	Sardar Jangal Sq.	1950	"
9	Tehransar Sq.	1900	"
10	Azadi Sq.	2100	"
11	Jelale Al-Ahmad Sq.	4200	Livestock feed
12	Moallem Sq.	1700	"
13	Bahman Sq.	1850	"
14	Besat Sq.	2100	"
15	Shahid Ghaibi Sq.	1400	"
16	Sum	31950	

Pelo menos 20% da carga diária total de fruta em cada mercado é normalmente convertida em resíduos, que acabam por ser convertidos em alimentos para animais à custa dos custos de transporte [Fruit and Vegetable Organization of Tehran Municipality, 2014]. Por conseguinte, não existe atualmente uma gestão adequada dos resíduos. Esses resíduos são recursos valiosos para a produção de combustível de biomassa, sendo considerados como uma biomassa sólida altamente adequada com capacidades como a fácil acumulação na fonte de produção, a produção adequada de biogás, a ausência de poluição secundária, o acesso conveniente e o transporte económico. Este estudo teve como objetivo investigar a produção de biocombustível a partir de resíduos orgânicos produzidos em mercados de frutas e legumes.

1.2. Importância e necessidade da investigação

Uma questão importante e de destaque na gestão de resíduos sólidos, especialmente nos últimos anos, tem sido a utilização de recursos potenciais de biomassa para organizar a gestão da eliminação e a produção de energia a partir de resíduos sólidos em dimensões urbanas e/ou rurais. A presente investigação foi realizada com o objetivo de utilizar adequadamente os recursos de biomassa, em particular os resíduos orgânicos dos mercados de frutas e legumes, e a sua conversão em energia.

A extração de biogás a partir de resíduos sólidos é uma das questões ambientais mais importantes no controlo dos gases com efeito de estufa, uma vez que o metano é um dos principais gases com efeito de estufa que afectam o fenómeno do aquecimento global, sendo o seu efeito superior ao do dióxido de carbono. Além disso, têm-se registado numerosos incidentes de explosões, incêndios e libertação do cheiro desagradável deste gás em locais de eliminação de resíduos abandonados.

[3]No Irão, são produzidas anualmente quase 15 milhões de toneladas métricas de resíduos urbanos e 4,6 mil milhões de metros cúbicos de resíduos urbanos e industriais. Por conseguinte, a utilização da tecnologia do biogás constitui um potencial importante para a produção de energia no país.

A utilização do biogás tem vindo a aumentar continuamente nos últimos anos, mas uma grande parte deste potencial não tem sido utilizada. A produção desse gás não requer tecnologia sofisticada [New Energy Organization, 2011]. Uma das soluções propostas atualmente é a utilização de energias renováveis e locais, das quais o biogás, como energia renovável, pode ser utilizado para produzir fertilizantes agrícolas não poluentes para utilização, aumentar a saúde pública e controlar doenças, para além da produção de energia. É também uma boa solução para a eliminação de resíduos sólidos.

As ameaças dos resíduos sólidos produzidos pelas actividades diárias causam uma grave poluição ambiental, que pode ser grandemente reduzida através da extração de biogás e da utilização da energia e dos fertilizantes gerados.

O biogás pode ser extraído do tratamento anaeróbio de águas residuais, como[3] UASB (up flow anaerobic sludge blanket), bem como de aterros sanitários, compensando assim parte dos custos.

O fertilizante orgânico resultante do processo de biogás tem uma qualidade superior devido a um elevado teor de azoto em comparação com outros fertilizantes. Além disso, o cheiro desagradável e uma variedade de parasitas e outros agentes patogénicos são eliminados durante a digestão.

O processo de produção de biogás é independente do clima, portanto, é considerado apropriado para substituir este combustível limpo em qualquer condição física e temporal. O processo de produção de biogás pode ajudar a resolver muitos destes problemas porque os benefícios ambientais dos sistemas de biogás estão para além dos sistemas convencionais de tratamento em uso (como tanques de armazenamento, lagos e lagoas). Estes benefícios ambientais incluem o controlo dos odores, a melhoria da qualidade da água e do ar, a redução das emissões de gases com efeito de estufa e o acesso ao biogás como fonte de energia.

Com os crescentes problemas ambientais desde quase o início da década de 1990, a maioria das organizações internacionais e não governamentais (ONG) concentrou-se na proteção do ambiente. O curso das actividades ambientais prosseguiu com o estabelecimento do Protocolo de Quioto, que visa reduzir as emissões de gases com efeito de estufa. Obviamente, os países envolvidos são obrigados a respeitar as questões ambientais. Uma vez que mais de 80% das emissões de gases com efeito de estufa resultam de actividades humanas no contexto energético, a maior parte das mudanças são naturalmente feitas neste sector, pelo que o

[3] Manta de lamas anaeróbias de fluxo ascendente

consumo de energias renováveis é a melhor alternativa para atingir os objectivos acima referidos. A utilização do biogás é uma opção para a utilização de novas energias.

A utilização de resíduos orgânicos na tecnologia de digestão anaeróbia e a conversão desses resíduos em substâncias utilizáveis reduzem a produção de metano (CH_4), dióxido de carbono (CO_2) e óxido de azoto (NO).

Os efeitos de estufa do CH_4 e do NO são mais elevados do que os do CO_2. Por exemplo, o efeito de estufa do CH4 é quase 21 vezes superior ao do CO_2.

Considerando que mais de metade dos resíduos urbanos no Irão são materiais orgânicos e degradáveis e que os terrenos agrícolas periféricos são pobres em matéria orgânica, a compostagem pode ser muito útil como método de deposição em aterro. Além disso, o volume de resíduos é reduzido através da separação de materiais desintegráveis de outros resíduos, com a possibilidade de reciclar sólidos como o vidro, o ferro e outros materiais, o que leva à eliminação de uma pequena parte dos resíduos.

No Irão, são produzidas diariamente 42 000 toneladas de resíduos urbanos. Devido ao facto de os custos de recolha e deposição em aterro de cada quilograma de resíduos serem de 38,9 Rials no país, são necessários 1,63 mil milhões de Rials apenas para a recolha diária e a deposição em aterro. Além disso, considerando a densidade dos resíduos (350 kg/m^3) no Irão e uma profundidade média de 5 m, a quantidade de áreas a utilizar para o aterro diário ascende a quase 23.999 m^2 [Choghzali e Abbasi, 2007].

No Irão, é produzido anualmente um volume de 4,6 mil milhões de m^3 de águas residuais, que custam pelo menos 18 000 mil milhões de Rials para recolha, deposição em aterro e tratamento. Os custos de outras técnicas de deposição de resíduos sólidos em aterro também são elevados. Por exemplo, o custo da compostagem através de um método científico e projetado com uma boa separação é estimado em cerca de US$ 20.000 por tonelada de capacidade da usina. Por outro lado, a utilização de incineradores de resíduos para a remoção de resíduos sólidos não tem mostrado um desempenho promissor no Irão. Estes custos elevados associados à poluição ambiental fazem com que se considere a utilização de tecnologias de biogás e a construção de centrais de biogás para resolver o problema dos resíduos sólidos urbanos.

1.3Métodos

Os resíduos orgânicos são misturados com uma quantidade pré-determinada de água num tanque. Com o tempo, os materiais são hidrolisados na água e entram numa fase acidogénica no tanque. O produto resultante é eventualmente consumido por bactérias metanogénicas, sendo o gás metano o produto final. Foram investigados vários parâmetros, incluindo a densidade, a humidade relativa, os teores de carbono e azoto da alimentação do digestor, a temperatura e o pH durante a digestão, bem como a produção de gás resultante e o seu teor de metano durante o ensaio.

1.4 Os conceitos e definições utilizados na investigação Resíduos

Sólidos: líquidos e gasosos (com exceção dos esgotos) são direta ou indiretamente resultantes da atividade humana e considerados como resíduos pelo produtor de resíduos [Código de

Gestão dos Resíduos, 2011].

Resíduos urbanos: Significa todos os tipos de resíduos urbanos que devem ser recolhidos e eliminados num local especial. Outras expressões semelhantes incluem os resíduos domésticos, comerciais, industriais e das indústrias de materiais volumosos [omrani, 1997].

Biogás: Um conjunto de gases produzidos por microrganismos anaeróbios orgânicos.

Digestão anaeróbia: Decomposição de matéria orgânica sem oxigénio do ambiente. Anaeróbia

digerir: Reservatórios absolutamente isolados que não podem ser injectados no ar e normalmente a temperatura é definida por diferentes sistemas num intervalo pré-determinado para a digestão anaeróbia de materiais orgânicos corrosivos Mantém-se constante.

Digestão com entrada contínua: Neste sistema, a matéria orgânica é digerida diária e continuamente e sai da digestão contra materiais fermentados.

Biomass: Uma tradução em língua inglesa de biomassa. Este termo é utilizado para descrever uma série de produtos derivados da fotossíntese Os processos bioquímicos incluem a digestão (fermentação), a digestão aeróbica e a fermentação alcoólica [New Energy Organization, 2011]

1.5 Biomassa

A biomassa tem muitas definições diferentes no mundo. A massa da massa contém todas as substâncias na natureza que viveram no passado e são derivadas de organismos vivos, ou resíduos, resíduos ou desperdícios. A biomassa é comparada com os recursos fósseis, sabemos que a fonte de recursos fósseis é também recursos de biomassa, mas a diferença é que as fontes fósseis de recursos de biomassa que foram muito distantes no passado (dezenas de milhões de anos atrás) e sob certas condições de pressão e temperatura.

Todos os anos, através da fotossíntese, equivalente a várias vezes o consumo anual de energia do mundo, a energia solar é armazenada nas veias das árvores. A União Europeia, de acordo com a CE 20001171, para o desenvolvimento da utilização da biomassa na produção de eletricidade no mercado interno europeu, descreveu a definição de biomassa da seguinte forma:

A biomassa de todos os componentes biodegradáveis de produtos agrícolas, esgotos e esgotamento (incluindo material vegetal e animal), indústria florestal e outras indústrias relacionadas, resíduos e resíduos municipais e resíduos industriais.

1.5.1 Ciclos da biomassa na natureza

Parte da radiação solar que atinge a atmosfera da Terra é absorvida e armazenada através do processo de fotossíntese nas plantas. A eficiência máxima de conversão da energia solar situa-se entre 5% e 6%. As plantas são fontes de armazenamento de carbono e absorvem CO2 do ar e armazenam carbono. Quando a planta é consumida pelo animal, parte do carbono contido na planta é convertido em energia e outra parte é armazenada nos tecidos vivos. A terceira parte é também repelida pelos excrementos dos animais. Se a madeira ou as plantas forem queimadas, para além da energia, grande parte do carbono armazenado é libertado sob a forma de CO2 e outra parte permanece nas cinzas. A Figura 1-1 mostra o ciclo do carbono na natureza. A Figura 1-2 mostra a pequena unidade de conversão de biomassa em biogás.

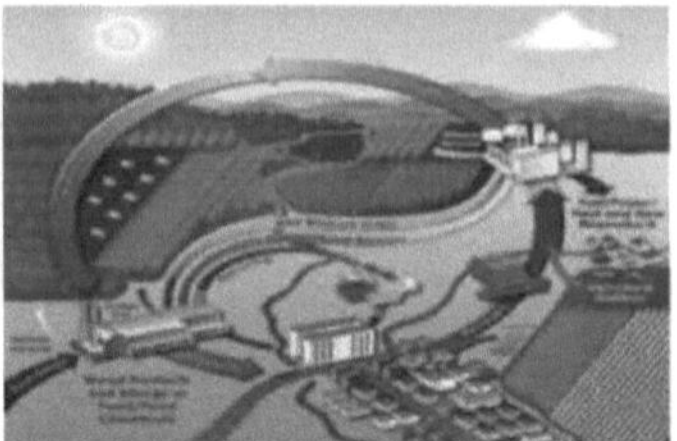

A Figura 1-1 mostra o ciclo do carbono na natureza

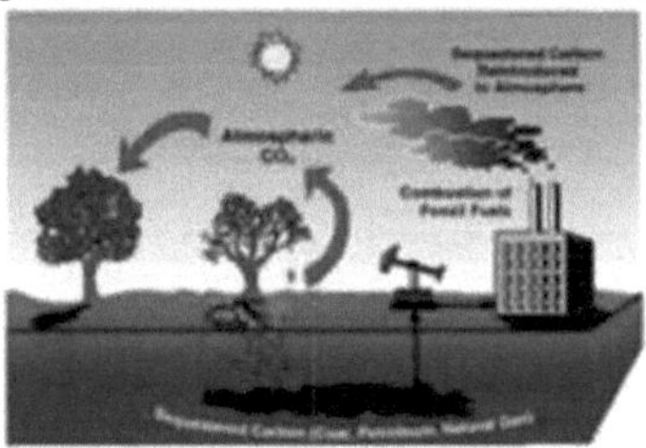

A Figura 1-2 mostra a pequena unidade de conversão de biomassa em biogás

1.5.2 Potencial de biomassa no Irão

Com base no potencial estatístico potencial, este potencial de biomassa potencial ascende a 15 milhões de toneladas de petróleo bruto em 2000 ou 841 portos, ou cerca de 140 milhões de barris de petróleo bruto, representando cerca de 13% da produção anual de petróleo bruto do Irão. A percentagem de diferentes fontes de recursos de biomassa no potencial do Irão é a seguinte - Eliminação de resíduos sólidos 59% - Excrementos de animais 28% - Materiais ou resíduos corrosivos 11% - Indústrias de águas residuais urbanas e corrosivas 2%.

1.5.3 Tecnologias de conversão de energia a partir de resíduos

1- Digestão aeróbia 2. Digestão anaeróbia 3. Incineração de resíduos 4- Pirólise RDF 5 6. Biogás

Neste estudo, o maior é examinado e explicado

1.6 O biogás

Introdução do biogás O conjunto de gases produzidos a partir da decomposição e fermentação de resíduos animais ou humanos e de plantas que, na ausência de oxigénio e da atividade de bactérias anaeróbias, especialmente metanogénicas, são produzidos numa câmara de fermentação, são designados por biogás.

Este gás é conhecido em persa como Bioenergia ou Bioenergia. A maior parte deste gás é geralmente composta por metano e dióxido de carbono, e os seus vários compostos dependem completamente do tipo de matérias-primas utilizadas para produzir gás, da forma de construção do produtor de gás, da quantidade de calor e do tempo que permanece no tanque de fermentação [Amrani, 1376]. Os recursos de biomassa contêm compostos orgânicos com moléculas de cadeia grosseira que quebram as moléculas durante os processos digestivos (enterrados no solo, em reservatórios especiais ou abandonados na natureza), e a moléculas mais simples são convertidas. O resultado final deste processo de gás inflamável é chamado biogás. O biogás é também designado por gás de arrastamento. Este gás contém dois componentes principais de metano (e alguns outros hidrocarbonetos) e dióxido de carbono com pequenas quantidades de impurezas como H2S, vapor de água, N2, etc. Esta mistura de gás tem um valor térmico de 25-15 MJ por metro cúbico (40 a 70 por cento do valor térmico do gás natural) e, no caso de conversão de eletricidade utilizando motores a biogás disponíveis, 2-5 / 1 quilowatt-hora de eletricidade por cada metro cúbico (por cada metro cúbico de gás natural 3 quilowatt-hora de eletricidade). Este gás tem um cheiro reconhecível a ovo estragado e é mais leve que o ar [New Energy Organization, 2011]. A Figura 1-3 mostra o ciclo do biogás na natureza.

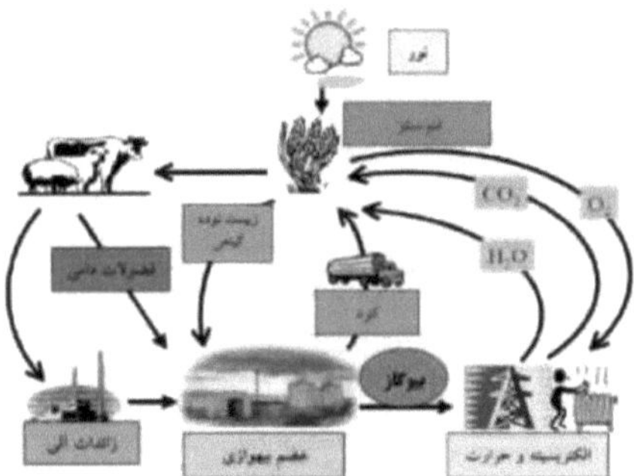

Figura 1-3 Ciclo do biogás na natureza [Organização de Gestão de Resíduos do Município de Teerão, 2011]

1.6.1 combinações de biogás

A maior parte deste gás é composta por metano e dióxido de carbono, e os seus vários compostos dependem do tipo de matéria-prima utilizada para a produção de gás. Com base nos estudos efectuados sobre a componente biogás, esta é a seguinte. A Tabela 1.2 mostra as percentagens do gás biogás.

percentage	matter
70 – 50	(CH_4) Methane
50 – ۲۵	(CO_2) carbon dioxide
10 – ۰	(N_2) nitrogen
1 – ۰	(H_2) hydrogen
3 – ۰	(H_2S) hydrogen sulfide
2 – ۰	(O_2) Oxygen

Tabela 1.2. Gases geradores de biogás [Saeedi, 2010]

O biogás é uma mistura de três compostos principais denominados metano, dióxido de carbono e sulfureto de hidrogénio, que é o produto da digestão anaeróbica e da fermentação

da biomassa por bactérias metanogénicas. O componente inflamável do biogás é o metano, que representa 60 a 70 por cento do gás total. O metano é um gás fóssil gasoso que queima 252 kcal (1052 kJ) de energia térmica quando queimado por pé cúbico, o que é notável em comparação com outros combustíveis fósseis. O biogás é uma mistura de três gases principais, como o metano, o dióxido de carbono e o sulfureto de hidrogénio, que é derivado da decomposição anaeróbica e da fermentação da biomassa por bactérias metanogénicas.
A parte inflamável do biogás é o metano, que representa cerca de 60 a 70 por cento do biogás. O metano é um gás incolor e inodoro que, queimado num metro cúbico, produz 37100 kilojoules de energia térmica, o que é um valor significativo em comparação com outros materiais combustíveis [Amiri, 2009]. Os outros dois compostos, em particular o sulfureto de hidrogénio, que são negligenciáveis, são compostos tóxicos. As vantagens importantes do metano em relação a outros combustíveis é que, quando queimado, o gás tóxico e perigoso não produz monóxido de carbono, pelo que pode ser utilizado como combustível seguro em casa. Como foi dito, 60 a 70 por cento do biogás é gás metano, esta elevada percentagem de metano fez do biogás uma fonte privilegiada de energia renovável para a substituição do gás natural e de outros combustíveis fósseis [Sheikh Ahmadi, 2007]
O biogás é cerca de 10% mais leve que o ar - A sua temperatura de combustão é de 750-650 Celsius. O - O gás é pálido e odorífero e arde com uma chama azul. - O seu valor térmico é de 20 MJ por metro cúbico e queima até 60% nos fornos de biogás.

CAPÍTULO 2

2. Tratamento aeróbio e anaeróbio

Existem geralmente dois métodos aeróbios e anaeróbios para remover a matéria orgânica. Num tratamento aeróbio, a matéria orgânica é convertida em água e dióxido de carbono num reator aeróbio, enquanto que no tratamento anaeróbio os materiais são convertidos em gás metano e dióxido de carbono na ausência de oxigénio dissolvido. A escolha de um método biológico adequado para a remoção da matéria orgânica depende de uma série de factores, tais como o tipo e a concentração dos materiais de entrada, a percentagem de remoção, factores ambientais, equipamento existente, factores económicos, etc.

A energia proveniente da conversão e transformação anaeróbias é reduzida, permanecendo, de facto, armazenada no metano. Consequentemente, o crescimento de bactérias nestes sistemas é baixo, o que leva a uma redução dos custos de eliminação das lamas excedentárias. A Figura 2.4 ilustra a produção e o consumo de energia para eliminar a mesma quantidade de carga poluente de entrada em sistemas aeróbios e anaeróbios [Ghardashi e Adl, 2001].

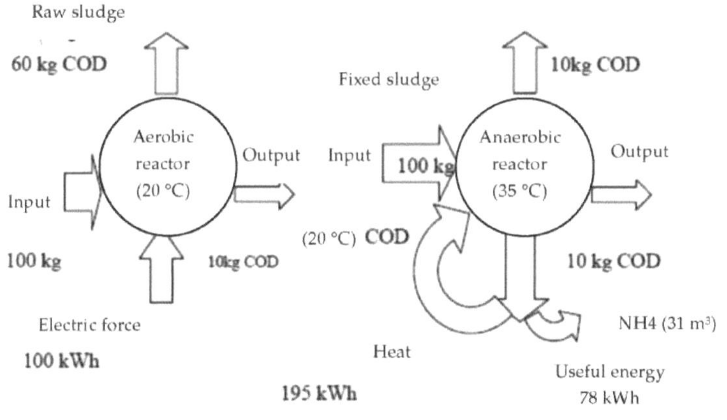

Figura 2.1 Comparação dos sistemas aeróbio e anaeróbio [Ghardashi e Adl, 2001].

A aplicação da digestão anaeróbia à componente orgânica dos resíduos sólidos urbanos é um fenómeno relativamente recente. Este método tem muitas vantagens em comparação com outras alternativas para a eliminação de resíduos sólidos urbanos. A digestão anaeróbia produz energia pura em condições sustentáveis. A eficiência efectiva depende da composição da alimentação e dos parâmetros utilizados no digestor. Pode também ter uma vantagem económica sobre o processo de compostagem aeróbia, que é um consumidor de energia pura. A digestão anaeróbia tem uma produção líquida de energia de 500 a 1000 kWh por tonelada de resíduos, enquanto o composto aeróbio consome entre 500 e 750 kWh de energia por tonelada para o tratamento de resíduos [Chynoweth, 1987]. O valor térmico dos resíduos urbanos é de 19.100 KJ/kg de sólidos voláteis e o rendimento em metano varia entre 0,2 e 0,5 m^3 /kg de sólidos voláteis introduzidos [Chynoweth, 1987].

O biogás é um produto de saída de um tanque de fermentação ou de um digestor anaeróbio simples. A fermentação é obtida a partir da matéria orgânica, dos gases resultantes e das lamas residuais (ricas em fertilizantes do solo, como o potássio, o azoto e o fósforo) (Ghardashi e adl, 2001). A Figura 2.2 mostra um tipo de digestor.

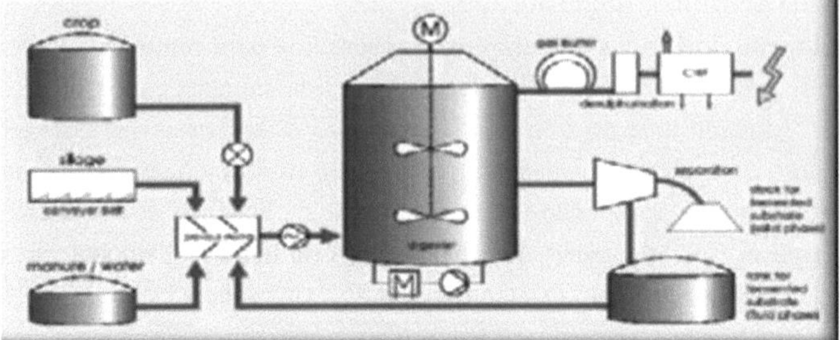

Figura 2.2. Um digestor anaeróbio [Abdoli e Salehi, 2009]

2.1. Princípios gerais do processo de digestão anaeróbia

O processo de digestão anaeróbia dos resíduos orgânicos divide-se geralmente em três fases principais: pré-tratamento, digestão anaeróbia e pós-tratamento.

2.1.1 Pré-tratamento

O processo de digestão anaeróbia é o melhor método para reduzir a quantidade de resíduos e gerar energia sob a forma de biogás. A eficiência do processo pode ser aumentada consideravelmente se os resíduos forem pré-tratados antes de serem carregados no reator. O tipo de pré-tratamento depende do tipo de substrato utilizado [Hooshiar, 2011].

<u>Resíduos que não necessitam de pré-tratamento</u>

Alguns resíduos não necessitam de pré-tratamento, sendo os mais conhecidos as águas residuais de cozinha, o soro de leite, os óleos e as gorduras líquidas. Antes da digestão, os materiais devem passar pelos crivos de triagem para separar o lixo.

<u>Resíduos que requerem um pré-tratamento simples</u>

Estes resíduos incluem resíduos de processamento de alimentos, óleos e gorduras depositados e resíduos de alimentos cozinhados. Para serem introduzidos no reator, estes materiais requerem um pré-tratamento simples que inclui:

- Separação de metais, vidro, plástico e papel, e ossos;
- Separação da casca de alguns frutos (como os da laranja e da cebola)
- Trituração, descasque e homogeneização.

Devido ao calor que é transmitido aos alimentos durante a transformação destes produtos, não é necessário qualquer reaquecimento na fase de pré-tratamento.

<u>Resíduos que exigem um pré-tratamento mais alargado</u>

Alguns resíduos, como folhas e resíduos de verduras, bem como alguns alimentos crus deteriorados provenientes de supermercados, requerem mais pré-tratamento do que o anterior, incluindo os seguintes:

- Peneiração;
- Separação de terra, areia e rocha;
- Aquecimento a uma temperatura elevada durante um período de tempo específico [Braun, 2002].

2.1.2 Digestão anaeróbia

Microbiologia da digestão anaeróbia

As bactérias são classificadas em três categorias em termos da necessidade de oxigénio: as bactérias aeróbias são bactérias facultativas que necessitam de oxigénio para crescer e podem metabolizar e crescer na presença/ausência de oxigénio. As bactérias anaeróbias só podem funcionar na ausência de oxigénio. Embora todos os digestores possam conter bactérias aeróbias e facultativas, as bactérias anaeróbias são utilizadas na via metabólica para converter os resíduos em biogás.

A digestão anaeróbia começa com a hidrólise de vários compostos presentes nos resíduos orgânicos. As proteínas são hidrolisadas em aminoácidos. Os lípidos decompõem-se em ácidos gordos de cadeia longa e glicerol através da β-oxidação. Os hidratos de carbono são também hidrolisados em açúcares. Após a hidrólise, os intermediários de ácidos gordos de cadeia longa, os aminoácidos e os açúcares são convertidos por bactérias hidrogenadas em ácidos gordos voláteis com três ou mais carbonos, hidrogénio e dióxido de carbono. O amoníaco e os sulfuretos são produzidos a partir da fermentação de aminoácidos. Uma parte dos ácidos gordos de cadeia alta, dos ácidos gordos voláteis e dos compostos neutros, como os açúcares, é metabolizada em acetato, hidrogénio e dióxido de carbono por bactérias acetogénicas produtoras de hidrogénio. O acetato, o hidrogénio e o dióxido de carbono são totalmente convertidos em biogases de metano e dióxido de carbono por bactérias metanogénicas. O tempo de retenção hidráulica dos resíduos durante a digestão anaeróbia pode ser de vários dias a um mês. O biogás produzido pode ser utilizado para gerar eletricidade e o subproduto calorífico é recuperado e utilizado como fonte de calor no sistema de digestão anaeróbia ou nas linhas de processamento.

O processo de digestão anaeróbia é composto por uma série de reacções bioquímicas sequenciais complexas classificadas em quatro fases principais: hidrólise, acidogénese, acetogénese e metanogénese. Os microrganismos eficazes nestas fases são hidrolisadores, acidogénios, acetogénios e metanogénios, que decompõem a matéria orgânica complexa em compostos simples.

A) Hidrólise

A fase de hidrólise de liquefação é conhecida por ser um passo fundamental na degradação biológica dos resíduos [Braun, 2002]. Nesta fase, os microrganismos anaeróbios obrigatórios (como os bacterióides e os clostrídios) e as bactérias anaeróbias facultativas (como os estreptococos) decompõem substâncias orgânicas insolúveis com pesos moleculares elevados (incluindo lípidos, polissacáridos, proteínas e ácidos nucleicos), que não podem ser absorvidos pelas células dos microrganismos, em monómeros e oligómeros solúveis através da secreção de enzimas extracelulares. Algumas das enzimas hidrolisantes incluem a celulase, a celobiase, a xilanase e a amilase para a decomposição de hidratos de carbono em açúcares, a protease para a degradação de proteínas em péptidos e aminoácidos e a lipase para a degradação de lípidos em glicerol e ácidos gordos de cadeia longa (AGCL) [Fang et al., 2011]. A taxa do processo de hidrólise é uma função da composição, forma, superfície e tamanho das partículas do substrato, concentração de biomassa, produtos intermédios, pH e temperatura [Braun, 2002].

A hidrólise é conhecida como uma etapa limitadora da taxa de digestão de substratos com ingredientes elevados, como o estrume bovino e as lamas activadas, enquanto a metanogénese é uma etapa limitadora da taxa de digestão de substratos com uma elevada degradabilidade. A acumulação de aminoácidos e açúcares pode interromper a atividade das enzimas e dos microrganismos no processo de hidrólise [Fang et al., 2011].

B) Acidogénese

As bactérias de fermentação convertem compostos simples formados na fase de hidrólise em ácidos gordos de cadeia longa através de reacções de acidogénese [Braun, 2002]. O tipo de produto gerado no processo de acidogénese depende de vários factores, como a concentração de substrato, o pH e a pressão parcial de hidrogénio [Fang et al. 2011].

C) Acetogénese

Alguns produtos da fermentação, como os ácidos gordos voláteis com mais de dois átomos de carbono, os álcoois com mais de um átomo de carbono e os ácidos gordos aromáticos, não podem ser utilizados diretamente pelos metanogénios. As bactérias acetogénicas produzem ácidos orgânicos simples, como o ácido acético (ou seja, ácidos gordos de cadeia longa), através da decomposição dos produtos da fase de acidogénese. Além disso, convertem compostos com número ímpar de átomos de carbono em hidrogénio e dióxido de carbono [Braun, 2002].

D) Metanogénese

A metanogenicidade é a última fase da digestão anaeróbia. Nesta fase, todos os materiais intermédios (acetato, metanol, hidrogénio e dióxido de carbono, formato, monóxido de carbono, metilamina e metais reduzidos) produzidos nas fases anteriores são convertidos em metano [Hooshyar, 2011].

Os metanogénios dividem-se geralmente em dois grupos principais em termos de substrato: utilizadores de acetato que produzem dióxido de carbono e metano através da decomposição de moléculas de ácido acético, num processo conhecido como metanogénese acético-lástica, e consumidores de hidrogénio e dióxido de carbono, num processo denominado metanogénese hidrogenotrópica. Devido à baixa quantidade de gás hidrogénio no ambiente, a reação de consumo de acetato é a primeira via de produção de metano, com 70% do metano no biogás produzido por bactérias metanogénicas acéticas e 30% por bactérias metanogénicas hidrogenotrópicas. A seguir apresentam-se as reacções de produção de metano a partir do acetato e do hidrogénio/dióxido de carbono [Salimnen e Rintala, 2002]:

$$4H_2+CO_2 \rightarrow CH_4+2H_2O \qquad (1.2)$$

$$CH_3COOH \rightarrow CH_4+CO_2$$

<u>Factores que afectam o processo de digestão anaeróbia</u>

A. Tamanho das partículas

A superfície específica das partículas aumenta com a diminuição do seu tamanho. A atividade dos microrganismos, a taxa de hidrólise e a produção de biogás aumentam devido à absorção de enzimas hidrolisantes nestas superfícies, ao passo que se verificam reduções no tempo de retenção e na quantidade exigida pelo digestor. Uma granulometria excessiva provoca sedimentação no interior do digestor e uma digestão difícil pelos microrganismos [Braun, 2002].

B. Temperatura

A temperatura adequada para a digestão anaeróbia varia entre 10 e 60 °C. Mais precisamente, uma digestão anaeróbia pode ocorrer em faixas de temperatura psicrófilas (abaixo de 30 °C), mesófilas (30-40 °C), termofílicas (50-60 °C) e termofílicas extremas [Fang et al. 2011]. A maioria dos digestores funciona normalmente em condições mesófilas [Braun, 2002]. Um aumento da temperatura melhora a produção de biogás, pelo que a preparação de lamas com água quente tem um efeito positivo na taxa metabólica dos microrganismos [Braun, 2002; Salimnen e Rintala, 2002].

1- Acidez (pH)

A acidez ou pH é um fator importante para o crescimento dos microrganismos e um critério para a determinação da estabilidade do digestor. O pH de um reator anaeróbio muda com a atividade metabólica dos microrganismos, resultando na produção de CO_2, ácidos gordos voláteis e amoníaco [Fang et al. 2011].

Um processo de digestão anaeróbia desequilibrado provoca a acumulação de ácidos gordos voláteis e a redução da acidez [Braun, 2002], o que tem um efeito inibidor na degradação biológica. Ao aumentar o pH de 3,5 para 6,9, a taxa de hidrólise dos resíduos alimentares aumenta de 33% para 55%. Por conseguinte, é preferível um pH neutro para aumentar a taxa de hidrólise [Anónimo, 2005].

Em condições estáveis, se um alimento com um pH de 3,5-4,2 for adicionado ao digestor, o pH aumentará para 7 - 7,4 para atingir um nível neutro devido à atividade óptima das bactérias metanogénicas. Valores de pH inferiores a 6 e superiores a 8 têm efeitos inibitórios sobre as metanogénicas (Adgad, 2007).

A hidrólise das proteínas não ocorre a níveis de pH elevados. Os valores óptimos de pH para os microrganismos anaeróbios variam entre 6,8 e 7,2, e o melhor pH para os metanogénicos é 7 - 7,2. [Anónimo, 2005].

2- Ácidos gordos voláteis

As concentrações de ácidos gordos voláteis, compostos importantes na via metabólica da produção de metano, reflectem a taxa de estabilidade dos digestores. Devido às elevadas taxas de carga, à utilização de alimentos concentrados e aos curtos tempos de retenção, os ácidos gordos voláteis acumulam-se no digestor, levando à redução do pH e ao stress de todos os microrganismos, especialmente das bactérias metanogénicas [Adgad, 2007].

C. Tempo de retenção hidráulica

O tempo de retenção hidráulica (HRT) é o tempo médio que a matéria orgânica passa através do percurso do reator. Um aumento do TRH mantém o substrato em boas condições de reação e permite uma decomposição completa do substrato, embora reduza a taxa de resposta. Um HRT baixo reduz o tamanho do digestor, o que, por sua vez, diminui a taxa de degradação e o rendimento de gás, mas aumenta o risco de lavagem da população bacteriana ativa (no caso de valores de HRT mais baixos do que o tempo de proliferação de metanogénios), apesar de ter benefícios como a relação custo-eficácia e um elevado rendimento por unidade de volume do reator.

A TRH de um digestor pode mudar diariamente, alterando a quantidade de alimentação, ou sazonalmente, alterando a temperatura. O HRT ótimo depende mais da temperatura e da taxa de decomposição final desejada. Por conseguinte, a TRH óptima é determinada em função do tipo de alimentação, das condições de trabalho e da utilização de digesta. A TRH pode ser reduzida através do aumento da quantidade de inóculo, para além de aumentar a eficiência da produção de biogás [Braun, 2002].

3- Taxa de carregamento de matéria orgânica

A taxa de carga é o fator mais expressivo que descreve a taxa de alimentação, definida como o peso da matéria orgânica como os sólidos voláteis ou a CQO introduzidos no reator por unidade de volume numa determinada unidade de tempo. Este fator afecta diretamente o rendimento do processo. Uma taxa de carga baixa faz com que os microrganismos se deparem com uma escassez de nutrientes. Uma sobrecarga também perturba as actividades dos acidogénios e metanogénios devido à absorção dos principais produtos e à transferência de substâncias tóxicas pela fase sólida [Adgad, 2007].

4- Agitação (agitar)

A agitação dos reactores anaeróbios tem muitas vantagens, incluindo as seguintes:

5- Temperatura uniforme do conteúdo;
6- Exposição da biomassa e dos alimentos para animais;
7- Reduzir os efeitos inibitórios destas substâncias sobre a atividade microbiana;
8- Evitar a formação de uma camada de sólidos em suspensão na superfície e a deposição de sólidos pesados indecomponíveis no fundo do reator;
9- Contribuir para uma distribuição uniforme dos microrganismos e das suas enzimas;
10- Redução do tamanho das partículas;
11- Remoção do biogás extraído da mistura.

Apesar dos benefícios mencionados, alguns investigadores notaram que a baixa frequência e severidade da agitação podem melhorar a eficiência do reator. A literatura indica que os digestores totalmente agitados têm um rendimento instável a taxas de carga elevadas, enquanto os que têm uma taxa de agitação mínima apresentam bons rendimentos a todas as taxas de carga [Adgad, 2007].

A agitação do conteúdo e a criação de condições moleculares uniformes no digestor podem aumentar a produção de gás e a eficiência da digestão anaeróbia [Fang et al. 2011].

São utilizados diferentes métodos para agitar o conteúdo do digestor, incluindo a alimentação diária em vez da alimentação por turnos, a utilização de agitadores mecânicos, a utilização de bocais para deitar lama de alimentação no digestor e a reposição de parte da digesta juntamente com a alimentação [Adgad, 2007].

As bolhas de biogás formadas durante o processo também causam movimento e agitação do conteúdo do digestor (Salimnen e Rintala, 2002). É necessário agitar os reactores de tampão na fase de instalação, quando a concentração primária de biomassa metanogénica é muito baixa [Adgad, 2007].

I. Teor de humidade

O teor de humidade é um dos factores essenciais e eficazes na degradação biológica dos resíduos sólidos. A degradabilidade dos resíduos altamente degradáveis, como os resíduos alimentares, deve-se aos seus elevados níveis de humidade [Sun 2002]. Por conseguinte, foi proposta a ideia de adicionar água ou de restaurar a lama digerida no reator para aumentar a degradabilidade dos resíduos [Anónimo, 2005]. Para além de aumentar o teor de humidade dos resíduos, a diluição dos resíduos com água permite a livre circulação das bactérias no digestor, o que contribui para melhorar o processo de digestão anaeróbia [2011 et al Fang].

K. Lípidos

Os lípidos encontram-se abundantemente sob a forma de gordura, óleo e massa lubrificante nos resíduos alimentares e nas águas residuais industriais. Os lípidos presentes nos resíduos incluem principalmente triacilgliceróis e ácidos gordos de cadeia longa. Em comparação com os hidratos de carbono e as proteínas, os lípidos são bons substratos para a digestão anaeróbia, e a digestão de outros resíduos juntamente com os lípidos aumenta a produção de metano [Anónimo, 2005].

O metabolismo da digestão das gorduras vegetais e animais (apesar de terem vários ácidos gordos de cadeia alta) não tem diferenças fundamentais e ambos os tipos de gorduras são degradados com percentagens elevadas (94% das gorduras animais e 97% das gorduras vegetais) [Adgad, 2007].

L. Substâncias tóxicas

As bactérias anaeróbias necessitam de nutrientes adequados, incluindo azoto, fósforo, enxofre, carbono, magnésio, sódio, manganês, cobalto, ferro, zinco, etc., para o metabolismo, manutenção e reparação celular. A quantidade e a proporção destes materiais são cruciais para o controlo e o modo de ação dos microrganismos. Os nutrientes são considerados substâncias tóxicas se as suas concentrações excederem o intervalo necessário para os microrganismos, levando a uma tendência decrescente no seu crescimento biológico. A presença de substâncias tóxicas como os antibióticos nos excrementos das galinhas é um dos inibidores do processo de fermentação, e a presença de sulfatos pode reduzir a produção de gás.

M. Digestão simultânea

A digestão simultânea, que se refere à purificação de vários tipos de materiais residuais com propriedades complementares, é um dos principais benefícios da purificação anaeróbia [Adgad, 2007].

A investigação demonstrou que o processo de digestão anaeróbia será mais estável se se utilizar a digestão simultânea de vários substratos. O N e o P são os principais nutrientes necessários para um processo de digestão anaeróbia, que devem estar disponíveis no substrato numa quantidade e proporção adequadas; isto só pode ser conseguido através da digestão simultânea de vários substratos [Braun 2002].

Os resíduos com baixo teor de carbono atingem uma relação C/N adequada em combinação com materiais com elevado teor de azoto. A digestão simultânea de resíduos animais e lamas de depuração juntamente com resíduos sólidos urbanos aumenta a produção de biogás e a estabilidade do reator, a inoculação bacteriana no digestor, bem como a alcalinidade, para além de ajustar a relação C/N (Adgad, 2007).

A digestão simultânea fornece os nutrientes necessários para o crescimento dos microrganismos e o teor de humidade através de outro substrato. Também melhora a capacidade de bombear alimentos para o digestor e também a eficiência da digestão anaeróbia de resíduos sólidos [Anónimo, 2005]. Por exemplo, os rendimentos específicos da produção de metano resultantes da digestão simultânea de resíduos de bovinos, cadáveres de peixes e lamas de cervejaria são superiores aos da digestão de resíduos de bovinos isoladamente (Callaghan, 1999). A digestão simultânea de vários substratos irá certamente aumentar os custos das lamas e do transporte, o que constitui uma das desvantagens deste método [Anónimo, 2005].

N. Amoníaco

O amoníaco é produzido a partir da degradação biológica de compostos azotados, a maioria dos quais são proteínas ou ureia. Níveis elevados de azoto têm um efeito inibitório na digestão anaeróbia dos resíduos alimentares [Hartmann, 2005]. Entre os quatro tipos de microrganismos anaeróbios, os metanogénicos são os que apresentam menor resistência ao amoníaco. A concentração inibitória de amoníaco depende do tipo de substrato, do inóculo e das condições ambientais (temperatura e pH) [Chen, 2007].

2.1.3 Pós-tratamento

Após a conclusão do processo de digestão anaeróbia, os resíduos orgânicos degradáveis residuais são utilizados nesta fase, que inclui a desidratação, o arejamento e o tratamento do látex. O arejamento nesta fase actua como um pós-tratamento para remover a matéria orgânica remanescente e produzir produtos valiosos, tais como fertilizantes e melhoradores do solo.

2.2 Princípios básicos da produção de biogás

Para produzir biogás, é necessário localizar o material e controlar as condições anaeróbias, a temperatura, o pH, etc. A forma mais simples de um sistema de biogás é constituída por um tanque de entrada, um poço de saída e uma câmara de fermentação chamada digestor. O gás produzido é transferido para o exterior através da parte superior do compartimento e armazenado num tanque. A matéria orgânica é deixada no digestor durante um certo período de tempo e descarregada após a produção de gás e a conclusão das operações de fermentação. Após a digestão, a matéria orgânica perdeu muitas das contaminações e é utilizada como um fertilizante rico na agricultura [Hooshyar, 2011].

2.3 Processo de produção de energia a partir de resíduos

As reacções de digestão para a produção de biogás incluem uma série de processos químicos e biológicos que produzem um gás na ausência de oxigénio e na presença de organismos anaeróbios, água e temperaturas de 35-70 °C, a maior parte dos quais ocorre em operações combinadas.

Na primeira etapa, as substâncias orgânicas complexas, como os hidratos de carbono, as gorduras e as proteínas, são convertidas pelas bactérias acidogénicas em matéria orgânica simples, como os açúcares simples, os ácidos gordos e os aminoácidos. Estas bactérias decompõem a matéria orgânica complexa em ácidos gordos voláteis e produzem algum amoníaco e dióxido de carbono, para além dos ácidos acético e propiónico.

Na segunda etapa, as bactérias acidogénicas (ácidos lático, propiónico, acético e butírico) convertem a matéria orgânica composta em ácidos voláteis. Na terceira fase, as bactérias metanogénicas decompõem os ácidos produzidos na fase anterior em metano e dióxido de carbono. Este grupo é constituído por um pequeno número de bactérias que crescem lentamente e são muito sensíveis ao seu ambiente. O processo de produção de energia eléctrica a partir de resíduos de frutas e legumes é apresentado como um diagrama de caixa na Figura 2-3.

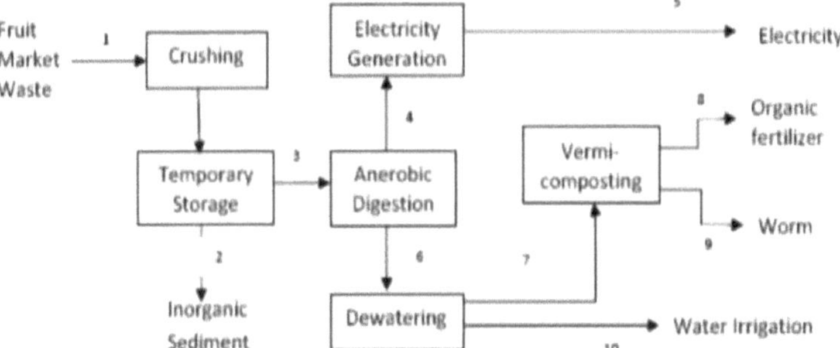

Figura 2.3. Diagrama de caixa mostrando o processo de geração de energia a partir de resíduos de frutas e vegetais [Derakhshanfar, 2013]

Um volume de 0,3-0,6 m^3 de biogás será produzido diariamente por kg de matéria orgânica (Karbasi e Baghand, 2009). O metano compreende entre 50% e 70% do volume de biogás, dependendo do tipo de alimentação e das condições do processo [Callaghan 1999].

De acordo com a literatura existente, o valor térmico é de 21600 kJ/m^3 do biogás produzido, assumindo um rendimento de gás metano de 60% [Marandi e Dehdashtian, 2011]. Com um rendimento diário de biogás de 15 m^3 , a quantidade de energia extraída do biogás é calculada em 324.000 KJ/dia (90 kWh/dia). Esta quantidade de gás pode ser queimada e convertida em energia térmica ou para gerar energia eléctrica através da ligação a um motor-gerador alimentado a biogás.

2.4 Digestor anaeróbio

Os digestores são tanques totalmente isolados e impermeáveis à penetração de ar. A temperatura mantém-se geralmente constante num intervalo pré-determinado em diferentes sistemas para a digestão anaeróbia de matéria orgânica corruptível. Estes tanques têm geralmente um agitador adequado para produzir biogás através da digestão de matéria orgânica biodegradável. A saída do sistema é também um fertilizante rico e estabilizado, juntamente com água rica em solutos adequados para utilização no sector agrícola e no seu desenvolvimento. Uma variedade de sistemas de digestão anaeróbia pode ser categorizada com base em diferentes fundamentos, os mais importantes dos quais são descritos abaixo.

2.4.1 Digitalização baseada na frequência alimentar

Descontínuo[4]

Neste sistema, a digestão é carregada uma vez com matérias-primas adequadas e, dependendo do tipo de alimentação e da carga de contaminação disponível durante o tempo apropriado, a

[4] Lote

fermentação dos resíduos orgânicos é efectuada na digestão. Após este período, o conteúdo do reator é completamente evacuado. Este método pode ser utilizado para até 25% de águas residuais orgânicas secas e secas. Este método é útil para a fermentação de compostos celulósicos e, ao reduzir a quantidade de produção de biogás, o processo de fermentação anaeróbia aproxima-se do seu fim [Karbasi et al., 2004].

Contínuo

Neste sistema, as substâncias orgânicas iniciais são digeridas diariamente e de forma contínua, e digeridas a partir da digestão do material de fermentação. A percentagem de matéria orgânica neste sistema situa-se entre 5% e 10% e é necessário misturar o conteúdo do reservatório com a conceção de misturadores adequados. Neste método, um volume constante de gás pode ser produzido numa base diária com uma certa quantidade de matéria orgânica. Este método é normalmente utilizado na conceção de grandes centrais eléctricas [Marandi Dehdastian, 2011].

Semi-contínuo

Neste sistema, a matéria orgânica inicial é adicionada alternadamente em diferentes intervalos de tempo. Ao determinar o prazo de validade adequado, este método pode ser utilizado para fermentar vários compostos. Tal como nos sistemas em linha, aqui, quando carregado, o equivalente à matéria adicionada é retirado do conteúdo do meu digestor. Nas instalações pecuárias e nas indústrias que não são permanentemente águas residuais, este método é comummente utilizado [Marandi, 2011].

2.4.2 A digitalização baseia-se no número de etapas

A digestão anaeróbia pode ser dividida em dois grupos, de fase única e de fase múltipla, com base no número de reactores utilizados no processo de digestão [Callaghan 1999].

Grãos de uma fase

Grãos de fase única Mais de 87% das unidades industriais utilizam a digestão anaeróbia de fase única. Nos sistemas de fase única, todas as reacções de hidrólise, acidificação, estática e metanogénicas ocorrem num reator. Os desastres de fase única são geralmente mais fáceis de operar e têm menos componentes, resultando numa menor necessidade de manutenção e reparações, e o seu custo é inferior ao dos digestores de fase múltipla (Salimnen et al, 2000]. Numa digestão de fase única, as condições de funcionamento não são necessariamente óptimas para todas as bactérias, mas são aceitáveis para todas elas. O fator operacional mais crítico para os digestores é o pH, que deve ser mantido próximo do neutro para as bactérias metanogénicas [Hartmann, 2005].

A digestão numa única fase é mais fácil do que a digestão em várias fases, devido à atividade simultânea de bactérias ácido-base e metanogénicas. As bactérias ácidas crescem mais rapidamente do que as bactérias metanogénicas e, quando o substrato é muito degradável, o metano de crescimento tardio é subitamente exposto a uma grande quantidade de alimento produzido na fase de acidificação e, como a resistência do ácido às alterações ambientais é mais resistente do que o metano, ocorre um desequilíbrio entre a taxa de produção de ácido e as taxas de produção de metano. Este desequilíbrio reduz a alcalinidade e o pH, resultando na perda de digestão (Salimnen et al, 2000). Os reactores de fase única são preferíveis para a digestão anaeróbia de lamas espessadas e de lesões muito gordas do que os reactores de fase múltipla, porque os lípidos não se hidrolisam na ausência de metanogénios [Salimnen et al., 2000].

Batidos multivariados

Os sistemas de várias fases são concebidos tendo em conta que cada fase do processo bioquímico de digestão anaeróbia tem as suas próprias condições óptimas. Nestes sistemas, as reacções anaeróbias ocorrem em, pelo menos, dois reactores sucessivos. Nos reactores de duas etapas, a primeira etapa, na qual se realizam as reacções de hidrólise e acidificação, é da segunda etapa, na qual ocorrem as reacções de acetato e metanogénicas, e o fator limitante é a taxa de crescimento microbiano. São separados. Os benefícios da digestão em duas fases levaram à sua utilização generalizada em lesões, tais como perdas de alimentos que contêm elevados níveis de açúcar ou amido [Hackett et al., 2004].Figura 2.4 Um exemplo de digestão em várias fases (Universidade da Califórnia, EUA).

Figura 2.4 Um exemplo de digestão em várias fases (Universidade da Califórnia, EUA).

2.4.3 Digitalização com base na forma como se alimenta

Alimentação interrompida

No processo descontínuo, o substrato permanece indigesto durante a digestão e as etapas da digestão são efectuadas continuamente, desde a hidrólise até à formação de metano. O equilíbrio entre estas etapas depende da percentagem do inóculo utilizado [Hackett et al., 2004]. Na ausência de mistura, o conteúdo do digestor é dividido em várias camadas, incluindo gás, matéria em suspensão, líquido digerível, camada ativa e sedimento estabilizado. Normalmente, os digestores descontínuos à escala laboratorial são utilizados para determinar a degradabilidade do substrato, medindo a produção máxima de biogás e a eficiência da produção de metano [Hobson, 1993].

Embora os reactores descontínuos sejam tecnicamente mais simples e de construção significativamente menos dispendiosa do que os moinhos contínuos, mas devido ao seu longo período de tempo e às baixas taxas de carregamento de materiais orgânicos, a sua utilização tem sido, até agora, à escala da indústria não tem sido bem sucedida [Hackett et al., 2004].

Alimentação contínua

No processo contínuo, a ração é alimentada de forma contínua ou descontínua (por exemplo, diariamente) num tanque e é removida do material digerível tanto quanto ele é. Idealmente, o processo é aproximadamente estável, o que gera uma quantidade constante de insectos. Devido ao fluxo no interior do reator, o material é parcialmente misturado e as várias camadas não se formam facilmente no interior da digestão. A saída do reator é também uma mistura de material completo ou quase digerido [Hartmann, 2005].

O retorno do chorume ao reator, por movimento do fluido, provoca a disseminação do inóculo, minimiza a acumulação local de nutrientes e reduz a potência das substâncias tóxicas. No entanto, na ausência de acetato e de populações mecanizadas, a recuperação do chorume pode resultar na acumulação de ácidos gordos que escapam (Marandi e Dehdastian, 2011). Além disso, problemas como a sedimentação do substrato, o aumento da acidez e da alcalinidade e o envenenamento por amoníaco também diminuem com esta tarefa [Hartmann, 2005].

2.4.4 Digitalização com base na quantidade de sólidos

A digestão anaeróbia divide-se em dois tipos de digestão concentrada de sólidos[5] (HS) ou sólidos secos, com um teor total de sólidos superior a 15% e uma digestibilidade diluente[6] (LS) baseada no teor de sólidos [Hackett et al., 2004].

As vantagens da utilização de uma alimentação concentrada são a utilização de digestões mais pequenas e mais baratas, embora estes sistemas exijam bombas dispendiosas para o manuseamento de materiais e mais custos de manutenção. Os sistemas com menor teor de sólidos são mais bem misturados e adequados para a digestão simultânea com alimentos diluídos, como lamas de depuração ou resíduos. O tampão de digestão é adequado para alimentos com elevado teor de sólidos, porque o movimento do material mais viscoso no interior da digestão é um tampão [2007 Chen],.

2.4.5 Digitalização baseada na forma e função do reator

A conceção do reator tem um efeito significativo no seu desempenho. Nos últimos anos, foram desenvolvidas várias concepções de reactores para aumentar a taxa de volume unitário do reator. Foram utilizados diferentes processos anaeróbios em sistemas contínuos descontínuos, contínuos, monofásicos e de duas fases, mistura contínua, canalização, descontinuidade anaeróbia sequencial[7] (ASBR),[8] UASB e filtros anaeróbios para tratar resíduos alimentares. Estes processos diferem na forma como os microrganismos são armazenados no interior do reator e como as bactérias ácidas e metanogênicas são separadas umas das outras [Marandi e Dehdastian, 2011].

<u>O reator é completamente agitado</u>

O reator mais utilizado para a digestão húmida é um reator misturador contínuo (DCMR). Depois de entrar no reator, a alimentação é continuamente arrefecida por meios mecânicos ou por movimento de gás e, ao mesmo tempo, a mesma quantidade de matéria é removida do reator. Estes reactores são de dois tipos:

[5] Sólidos elevados
[6] Baixo teor de sólidos
[7] Reator Anaeróbio de Sequenciação em Batelada
[8] Manta de lamas anaeróbias de fluxo ascendente

1. Tanques cilíndricos colocados no solo.
2. Campos rectangulares que caem no subsolo.

Estes reactores podem ter tectos estanques ou flexíveis. O teto flexível permite a contração e a expansão do teto durante a elevada pressão do gás no interior do reator. Os sistemas DCMR são utilizados para tratar resíduos animais, lamas de depuração, resíduos domésticos, agrícolas e de cozinha, ou uma mistura destas lesões [Karbasi e Baghand, 2009].

Este tipo de reator é superior ao reator "plug-in" devido à sua conceção mais simples, gestão mais fácil e maior produção de biogás, mas o custo da sua construção e funcionamento é mais elevado do que o do reator "plug-in" [Hackett et al. 2004]. A Figura 2-5 mostra um reator de mistura contínua cilíndrico flexível e a Figura 2-6 mostra um reator contínuo retangular com um telhado sólido.

Figura 2-5. Reator Continental Cilíndrico de Cobertura Flexível (Hackett et al., 2004).

Figura 2-6. Reator contínuo retangular com cobertura sólida [Hackett et al., 2004].

<u>Reator de tomada</u>

Os reactores de encaixe são, na sua maioria, rectangulares e estão localizados no solo e têm um telhado flexível ou sólido. Estes reactores são significativamente mais eficazes do que o reator de mistura contínua na remoção de lesões [Hackett et al., 2004]. Estes sucos digestivos são utilizados para digerir substâncias de elevada concentração [Eaton et al., 2005]. Se forem utilizadas baixas concentrações de sólidos voláteis nestes minerais, o problema da criação de camadas flutuantes e sedimentos é evidente [Hackett et al., 2004].

Devido ao facto de não serem mexidos, devem ser limpos quase de 15 em 15 anos. Fig. 2-7 Plug-Mill, Nova Iorque, EUA, com um teto estanque, e Figura 2-8 Plug Jamming, Nova Iorque, EUA, com um teto flexível, Figura 2-9 Cavidades de encaixe antes de instalar o folheado Plástico, Washington, Estados Unidos da América.

Figura 2-7 Plug-Ins, Nova Iorque, EUA, com uma cobertura estanque [Hackett et al., 2004].

Figura 2-8 Entupimento, Nova Iorque, EUA, com uma cobertura flexível [Hackett et al., 2004].

Figura 2-9 Entupimento, Nova Iorque, EUA, com uma cobertura flexível [Hackett et al., 2004].

Claro que existem outros planos para reactores plug-in. Por exemplo, a empresa suíça Kompogas concebeu um reator de filamentos cilíndricos (Fig. 2-10), que dispõe de um misturador muito arredondado para homogeneizar o material de forma a manter o movimento do obturador. . O teor de sólidos totais neste sistema deve ser mantido constante em cerca de 23%.

Figura 2-10 Reator de Plug instalado pela Kompogas Suíça [Eaton et al., 2005].

Um outro reator está a ser desenvolvido pela Linde-BRV na Alemanha, que é muito semelhante ao reator Kompogas, com a diferença de que o "boggling" é devido à presença de dois tipos de misturadores de pedais e rolos O chão do reator está em movimento (ver Figura 2-11).

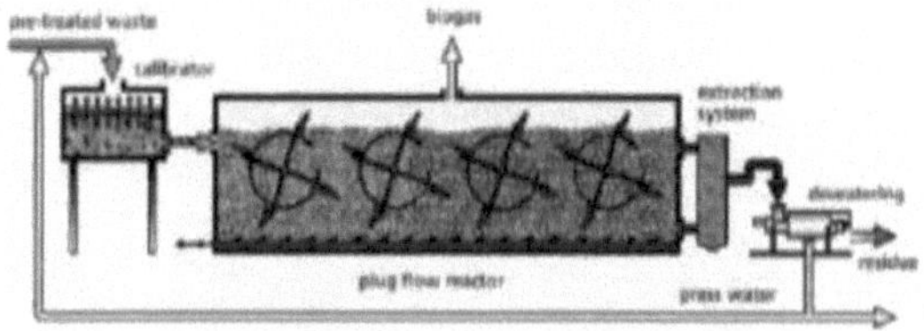

Figura 2-11 O reator de placa misturadora fabricado pela Linde BRV [Eaton et al, 2005].

Escavação de dígitos com uma boia modelo indiana

Como mostrado na Fig. 2-12, o tanque de entrada está localizado no lado esquerdo da imagem e o pontão de saída está localizado à direita dele. As portas de entrada e de saída são de um só golpe e, para que todos os materiais de entrada entrem na escavação, o tanque de entrada será construído num ponto mais alto do que o tanque de drenagem. A entrada do cilindro tem 40 centímetros de largura e 40 centímetros de altura, e a conduta de entrada tem 50 cm e a conduta de saída tem 20 cm de profundidade.

O tubo de entrada está bloqueado pela porta. As matérias-primas são misturadas com os seus próprios volumes de água e, em seguida, são introduzidas no tanque através do tubo de entrada, removendo-as. O material que entra na digestão sobe lentamente na primeira câmara e sai pela parede para a segunda parte. Assim, a parede existente proporciona a possibilidade de mistura. Os materiais de entrada decompõem-se com o tempo. Os gases recolhidos no topo do tanque sob a tampa metálica são recolhidos e comprimidos. Do telhado do compartimento de recolha da caldeira, o leite é retirado e o tubo é canalizado até ao local de utilização. A digestão digerida a partir do tubo de escape é elevada e é recolhida numa carpa higiénica no tanque de saída.

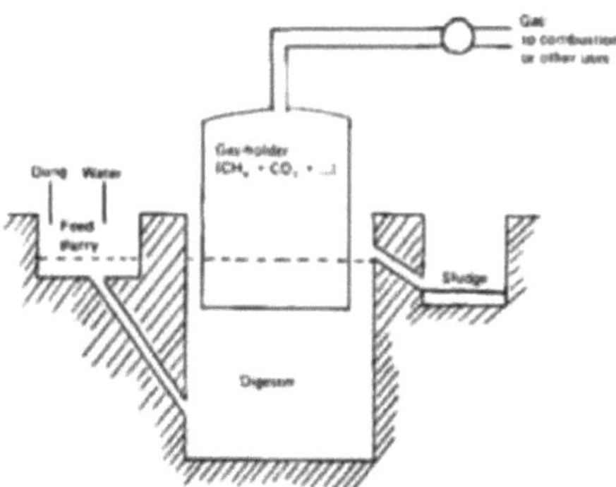

Figura 2-12: O modelo geral do modelo indiano [Omrani, 1997]

Digit digests com limite fixo - modelo chinês

Dado que os chineses são os principais inovadores deste tipo de digestão, é conhecido como o modelo chinês e é feito sob a forma de um reservatório em forma de cúpula e em profundidade no solo. O reservatório de gás e de fermentação é comum e, devido à localização da digestão em profundidade, é importante em termos de economia de espaço e de espaço para estabilizar o calor e a resistência da digestão nas regiões frias. Além disso, como não há partes móveis neste tipo de digestão, é mais fácil de reparar e manter. Naturalmente, deve notar-se que os sedimentos do tanque de fermentação nos sistemas de biogás devem ser recolhidos após algum tempo, nos modelos chineses, isto é feito com grande dificuldade. A Fig. 2-13 é o projeto principal do digestor chinês e a Fig. 2-14 é um modelo chinês completo.

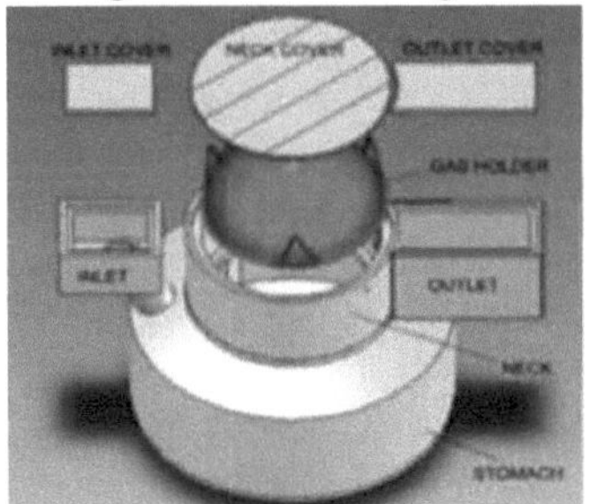

Figura 2-13 Digestão na China [Organização de Gestão de Resíduos, 2011]

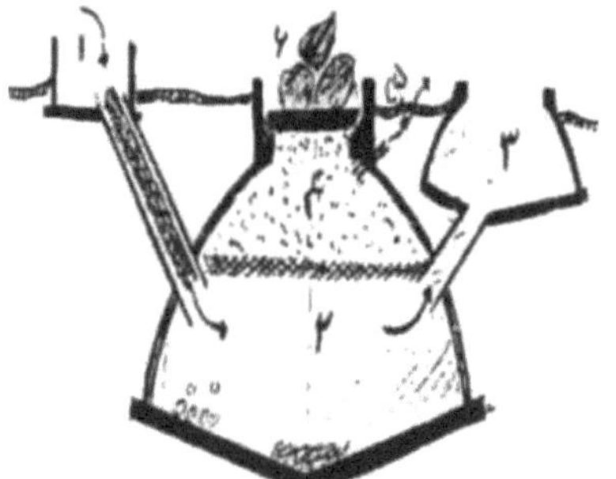

Figura. 2-14 Um modelo chinês completo [Umrani, 1997]

Neste modelo, a câmara de gás e a câmara de fermentação são construídas em conjunto e num reservatório comum, e a câmara de gás é construída com um revestimento de tijolo ou betão em forma de cúpula. Na câmara de gás, é instalada uma válvula. O gás produzido sobe para a cúpula e move a fermentação para a saída. A saída destes materiais para o tanque de saída regula a pressão do gás no interior da cúpula de modo a que, se a pressão for aumentada, mais materiais são excitados e se a pressão for reduzida, os materiais regressam da válvula de escape para o reservatório de fermentação para compensar a pressão deficiente. Como referido anteriormente, no topo do tanque de gás, uma abertura de cerca de 50 cm de diâmetro é bloqueada por uma válvula de betão. Durante a operação de escavação, o movimento desta válvula é controlado por pesos para que a pressão do gás no interior do reservatório não abale a válvula. Dentro deste portão, deve ser considerado um espaço para a passagem do tubo de gás, e o diâmetro do vão deve ser tal que a pessoa possa passar facilmente através dele. Embora a conceção deste modelo exija cálculos de engenharia, é muito cómodo de construir e faz com que os habitantes da aldeia se sintam mais confortáveis com este dispositivo. Centrais de biogás (modelos indiano e chinês) Fig. 2-15 As fases de fabrico da digestão do modelo chinês incluem (1) a construção da cúpula (2) a construção da garganta (3) a instalação da câmara de gás.

Fig. 2.15 Como fazer a digestão do estrume chinês

1. Construção da cúpula; 2. Construção do pescoço; 3. Instalação da câmara de gás.

O outro reator foi lançado pela Linde-BRV na Alemanha, que é muito semelhante ao reator Kompogas, com a diferença de que o "boggling" se deve à presença de dois tipos de agitadores de pedal e de rolo (no chão O reator está em movimento).

CAPÍTULO 3

3. Materiais e métodos

As actividades práticas de investigação e a análise laboratorial das amostras foram realizadas de acordo com o seguinte.

3.1 Estudos bibliotecários;

3.2 Análise do estado atual da gestão dos resíduos dos mercados de frutas e produtos hortícolas;

3.3 Conceção e construção do piloto;

3.4 Realização de testes quantitativos e quantitativos utilizando a unidade Kjeltec Analyzer (Modelo 2300) [Saeidi, 2010];

3.5 Processamento final utilizando o software Excel.

O projeto-piloto, o fabrico, a análise dos compostos de entrada e o processamento final serão explicados neste capítulo.

3.6 Especificações do sistema-piloto de biogás

Um dispositivo piloto concebido para a produção de biogás é constituído por um tanque de plástico de 5 L (com um diâmetro de 17 cm e uma altura de 24 cm) como digestor, um tubo metálico como entrada de alimentação ligado a um tanque de alimentação primário e uma válvula de controlo de saída de gás (Fig. 3.1).

As válvulas de entrada e de saída (com um diâmetro de meia polegada) feitas de liga de aço foram instaladas no tanque a uma altura de 10 cm do chão (Fig. 3.2).

Note-se que, em todas as fases de carregamento da alimentação, o tanque foi enchido até uma altura de 8 cm a partir do fundo do tanque do digestor, abaixo da inserção dos tubos.

O sistema deve ser completamente coberto e isolado para evitar a troca de ar entre os materiais do digestor e o ar exterior.

O biogás é produzido em condições anaeróbias. A entrada de ar no digestor perturba o processo de digestão.

Fig. 3.1. Um digestor de produção de biogás; 1) Um tanque de digestão de plástico de 5 L, 2) tubo metálico de entrada, 3) válvula de saída, 4) tanque de alimentação primária e 5) saída de gás.

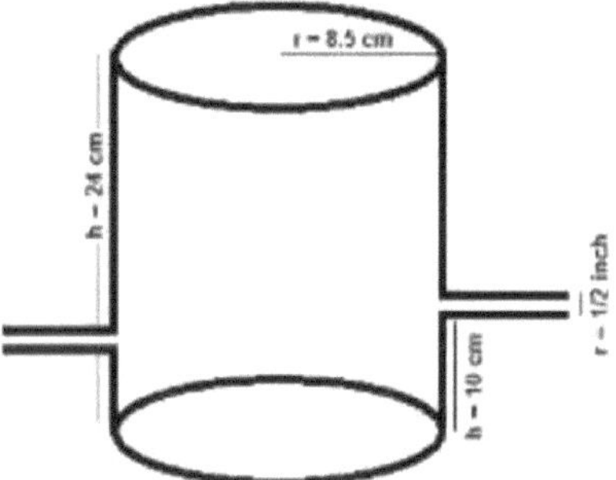

Figura 3.2. Uma amostra esquemática do dispositivo piloto

3.7 Preparação das matérias-primas

As matérias-primas utilizadas neste estudo foram cucurbitáceas (1500 g), legumes (1200 g) e frutos (1200 g), como se mostra nas Figuras 3-3, 3-4 e 3-5, respetivamente. Os materiais foram recolhidos aleatoriamente no mercado de frutas e legumes de Ghezel Qaleh e triturados em partículas finas (5-20 mm) por um moinho para pré-tratamento. O material triturado foi depois armazenado num saco de nylon à temperatura ambiente (Fig. 3.6).

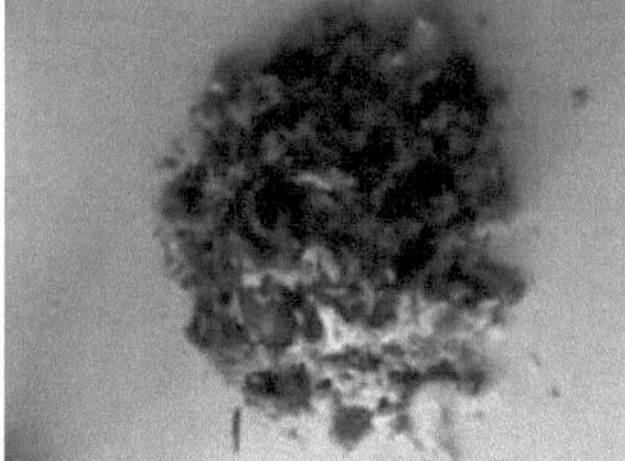
Figura 3.3. As cucurbitáceas de solo

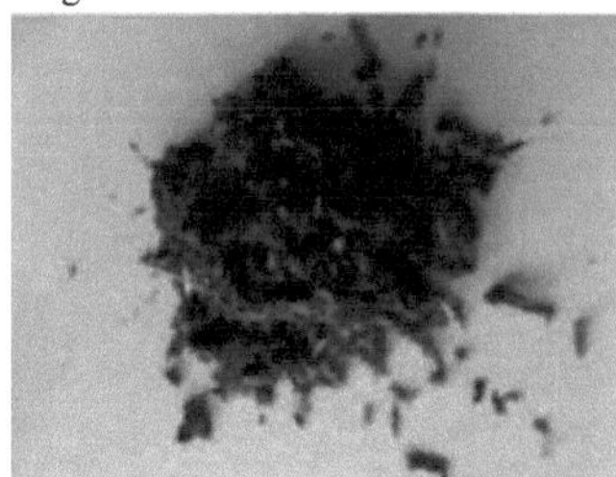
Figura 3.4. Legumes cortados

Figura 3.5. Frutos cortados

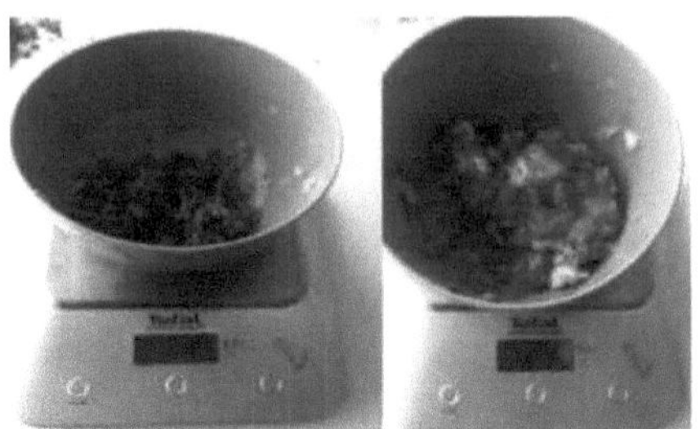
Figura 3.6. Determinação do peso de frutas e legumes

3.8 Determinação das propriedades físicas e químicas

Para produzir biogás, é essencial medir primeiro as propriedades físico-químicas das matérias-primas, como a densidade, o teor de humidade, o teor de carbono, o azoto e a relação carbono/azoto. Estas características permitem selecionar uma combinação adequada de matérias-primas para utilização no tanque digestor. Todos os parâmetros acima referidos foram medidos de acordo com a APHA (1998).

3.3.1 Densidade das matérias-primas

Para estimar a razão de composição dos materiais com base nos seus pesos, é necessário calcular a densidade das matérias-primas com base na fórmula da razão mássica: (3.1) = - em que p é a densidade, M indica a massa e V indica o volume.

A densidade das cucurbitáceas foi calculada com base nas massas densas e não densas e a sua média foi considerada como a densidade de base. As cucurbitáceas não densas e densas pesavam 472 g (0,472 L) e 636 g (6,063 L), respetivamente. As cucurbitáceas (total de 636 g, ou 6363 L) eram constituídas por beringela (70 g), batata (356 g), pepino (70 g), cenoura (70 g) e tomate (70 g). Os legumes tinham uma média de 484 g (484,0 L), incluindo espinafres (404 g), uma mistura densa de cebolinha, salsa, espinafres, feno-grego (824 g) e alface (224 g). Os frutos incluíam pêssegos, maçãs, nectarina não densa (532 g/5323 L) e frutos densos (535 g/5353 L).

3.3.2 Cálculo da humidade relativa

Após a trituração em partículas de dois centímetros, quantidades pesadas (w_0) de legumes, frutas e verduras foram colocadas em uma estufa a 105 °C por 24 h. Em seguida, as amostras foram resfriadas em um dessecador, seguido do cálculo dos pesos finais (w_1). Esta experiência foi realizada com três repetições. A humidade relativa foi calculada como:

$$(w.b) = \frac{(W_0 - W_1)}{W_0} \times 100 \qquad 3.2$$

3.3.3 Determinação das percentagens de carbono e de azoto

Percentagem de carbono

A percentagem de carbono foi medida pelo método de combustão. A amostra (5 g) foi incubada numa estufa para secar a 105 °C durante 24 h. A amostra foi então pesada de novo para determinar o peso seco (A). A amostra seca foi colocada numa fornalha a 550 °C durante 1 h. Em seguida, a amostra foi transferida para o exsicador para arrefecer e pesada de novo para medir o teor de cinzas (B). As percentagens de carbono nos resíduos de frutas e legumes foram estimadas através das seguintes relações [Saeedi, 2010]. A quantidade de matéria orgânica foi calculada utilizando a seguinte equação:

$$O.M\% = \frac{A-B}{A} \times 100 \qquad 3.3$$

O teor de carbono (C %) foi obtido através desta equação:

$$C\,\% = \frac{\text{Organic matter } (\%)}{1.8} \qquad 3.4$$

Determinação do azoto

O teor de azoto das amostras foi analisado pelo método de Kjeldahl, utilizando um analisador Kjeltec Unit 2300 em três fases: digestão, destilação e titulação.

Para determinar a percentagem de azoto, a amostra seca (0,5 g) foi vertida em tubos de ensaio para digestão. Adicionou-se catalisador de digestão de proteínas (5 g) (isto é, NaOH com uma massa molar de M = 40 gr/mol) e ácido sulfúrico a 98% (20 a 30 cc) aos tubos de ensaio que continham a amostra. O banho digestivo do aparelho já estava ligado. Os tubos de ensaio foram colocados no dispositivo e a temperatura do forno foi gradualmente aumentada para 400 °C até à digestão completa das amostras. Após a digestão e o arrefecimento das amostras, adicionou-se água destilada (100 cc) e ácido bórico a 2% (50 cc) até 50% a cada tubo que continha a digesta. O reagente de óxido de metileno (3 a 4 gotas), de cor vermelho rubi, foi vertido num Erlenmeyer e colocado na secção de destilação do aparelho Kjeldahl totalmente automatizado. O vermelho de metileno 36 tornou-se gradualmente amarelo com o início da reação de destilação na digesta. Na secção de titulação, foi instilado ácido sulfúrico 0,1 N num Erlenmeyer contendo vermelho de metileno (que se tornou amarelo) até que a matéria amarelada no Erlenmeyer voltasse à cor vermelha original. A titulação das amostras foi concluída após alguns minutos e a quantidade de ácido consumida foi lida à medida que a cor da substância mudava para vermelho rubi. A quantidade de ácido utilizada foi medida em frutos, legumes e cucurbitáceas. O teor de azoto total das amostras foi calculado de acordo com a quantidade de ácido sulfúrico utilizada para alterar a cor da matéria amarela no interior do Erlenmeyer, utilizando a seguinte fórmula

$$N\% = \frac{(N \times V \times 14 \times 100)}{(m \times 1000)} \qquad 3.5$$

onde:

N% = Teor de azoto total

N = normalidade do ácido sulfúrico igual a 0,1

V = Volume de ácido utilizado para mudar a cor do vermelho de metileno de amarelo para vermelho m = Quantidade inicial de amostra seca (neste caso, os pesos dos frutos, legumes e cucurbitáceas são iguais a 0,5 gramas).

Cálculo de rácios

Os rácios calculados para as matérias-primas são apresentados abaixo:

Relação carbono/azoto (C/N) calculada dividindo a quantidade de carbono (percentagem) pelo N (percentagem). O azoto total (NT) foi obtido multiplicando o peso de cada substância pela quantidade do seu teor de azoto.

NT = M x N% (3-6)

Carbono total (CT) obtido através da multiplicação do teor de azoto total de cada substância pela relação C/N dessa substância.

CT = NT x C/N (3-7)

Relação carbono/azoto total (CT/NT).

3.4 Taxa de carga do digestor

O tanque do digestor foi enchido até aproximadamente 1,7 L de resíduos húmidos de entrada (matéria orgânica e água) durante todo o período (25 dias) de carga, criando espaço suficiente para a produção de biogás. A carga orgânica sólida de entrada foi de pelo menos 170 g por cada cinco etapas de carga (de cinco em cinco dias). Uma vez que o material do digestor é melhor degradado num estado relativamente diluído nesta mistura, as matérias-primas preparadas foram misturadas na proporção de 1/1 da massa de matéria orgânica e água, respetivamente, para produzir o gás num estado diluído [Saeidi, 2010]. Assim, uma água (170 ml) foi adicionada à mistura de amostras no início de cada etapa de carregamento, conforme mostrado na Figura 3.7. Assim, uma quantidade de 340 g foi a carga de resíduos húmidos introduzida em cada etapa. A carga de entrada de resíduos (orgânicos húmidos e sólidos em gramas) e a percentagem de entrada de matérias-primas (orgânicas húmidas e sólidas) foram calculadas de acordo com o volume do digestor (5 L) (Tabela 3.1).

Tabela 3.1. As quantidades e percentagens de matéria orgânica numa mistura de digestores

Loading steps	Wet organic waste load (g)	Wet waste input (%) to the digester volume	Solid organic waste load (g)	Solid organic waste (%) input to the digester volume
I	340	6.8	170	3.4
II	680	13.6	340	6.8
III	1020	20.4	510	10.2
IV	1360	27.2	680	13.6
V	1700	34	850	17

Figura 3.7. Mistura de água de alimentação

A água é um dos principais elementos para a nutrição dos microrganismos, sendo também necessária para o movimento das bactérias, a atividade das enzimas celulares, a hidratação dos biopolímeros e a facilitação da rutura celular, pelo que deve estar suficientemente disponível. Por outro lado, uma quantidade elevada de humidade traz inúmeros problemas e barreiras ao desenvolvimento de um processo de fermentação adequado. Um aumento da concentração de sólidos reduz a taxa de produção de biogás. Por conseguinte, deve ser considerada a determinação de uma concentração adequada. Saeedi (2010) demonstrou que um rácio de mistura de 1:1 é o melhor para o teor de água no digestor.

3.10 Agitação do conteúdo do digestor

É necessário agitar o digestor para evitar a coagulação da camada rígida superficial, a precipitação de material no chão do reator, criando um ambiente homogéneo e mantendo condições uniformes de materiais, temperatura e outros factores ambientais para a decomposição das bactérias. Nesta investigação, o digestor foi agitado pelo menos três vezes por dia, simplesmente por agitação rotativa do tanque devido ao seu baixo volume e peso, de modo a obter uma mistura completamente homogénea.

3.11 Ajustamento da acidez do digestor

A acidez ou pH foi continuamente controlada durante as etapas do ensaio por um medidor de pH portátil (Orion 230A) e mantida constante num intervalo de 6,5-6,8 [Babaie, 2010]. A acidez foi ajustada diariamente por injecções de bicarbonato de sódio 1 M e hidróxido de sódio 1 M.

3.12 Cálculo de alguns parâmetros de alimentação no digestor

Os parâmetros que afectam a produção de biogás foram medidos na alimentação antes da entrada no digestor. Os parâmetros incluíram os sólidos totais (ST), a percentagem de sólidos voláteis em relação à amostra total (ST/ST) e a carência química de oxigénio (CQO) (mg/l). Todas as análises laboratoriais nesta secção foram realizadas de acordo com os métodos padrão de análise de água e de águas residuais (Eaton et al. 2005). Os valores de TS e VS/TS foram medidos por um cromatógrafo (Metrohm 861). Para medir a CQO, primeiro a solução foi filtrada com papel Watten 42, depois a matéria orgânica da solução foi reagida com dicromato de potássio, os valores foram determinados por cromatografia e finalmente calculados pela Equação 3.8: $COD = \left(\frac{C}{FW}\right).(RMO).(32)$, onde C é a concentração de compostos oxidáveis na amostra, FW denota o peso da fórmula dos compostos oxidáveis na amostra e RMO indica a razão entre os moles de oxigénio e os de compostos oxidáveis (por reação com dióxido de carbono, água e amónio).

3.8 Gaseificação (extração de gás)

3.8.1 Processo de extração de gás

O gás do tanque do digestor foi descarregado a cada três dias durante 25 dias, e o volume total do gás evacuado do tanque foi considerado como o volume final de gás exaurido do tanque. Por outras palavras, foram realizadas oito fases de gaseificação e o seu calendário, juntamente com as datas de carregamento da alimentação no digestor, são apresentados na Tabela 2.3.

Quadro 3.2. Calendário das operações de carregamento da alimentação e da gaseificação

Date	Loading	Gasification	Date	Loading	Gasification
26.01.2014	I	-	07.02.2014	-	IV
29.01.2014	-	I	10.02.2014	IV	V
31.01.2014	II	-	13.02.2014	-	VI
01.02.2014	-	II	15.02.2014	V	-
04.02.2014	-	III	16.02.2014	-	VII
05.02.2014	III	-	19.02.2014	-	VIII

De acordo com a Tabela 3-2, o primeiro carregamento e a gaseificação, respetivamente, foram efectuados em 26/01/2014 (às 22:00) e 78 h depois em 29/01/2014. Foram utilizados dois frascos Erlenmeyer graduados de 1 L, ligados entre si e ao tanque principal por um tubo de plástico transparente (1 m). Note-se que os frascos foram bem fechados com rolhas para evitar a saída do gás produzido. A figura 3.8 mostra a ligação entre os frascos Erlenmeyer e o reservatório.

Figura 3.8. Método de extração de gás e frascos graduados ligados

3.12.1 Método de amostragem de gás

Para o efeito, um dos frascos estava cheio de água e o outro estava vazio. Com base na propriedade da densidade do gás (a densidade do gás é mais leve do que a da água), o gás resultante empurra a água do frasco, fazendo-a fluir para o frasco vazio. O volume de água transferido é igual ao volume de gás produzido. A figura 3.9 mostra o método de recolha de amostras de gás (A) e o frasco de amostragem (B).

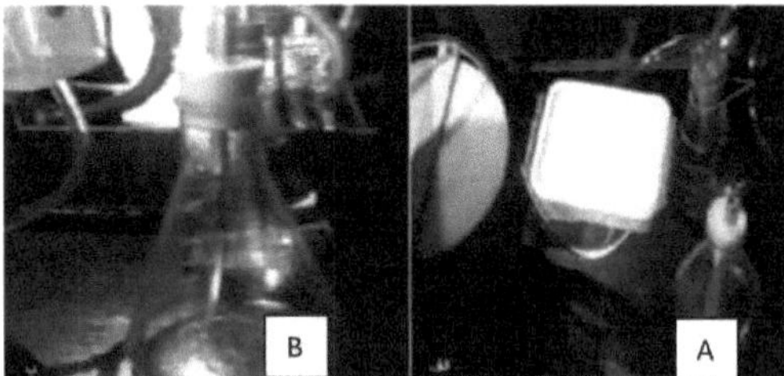

Figura 3.9. Método de recolha de amostras de gás (A) e frasco de recolha (B)

3.12.2 Método de medição do metano

Uma vez recolhidas as amostras de gases de acordo com o método anterior, a percentagem de metano em cada amostra foi examinada por um medidor de metano. O sensor do aparelho foi introduzido firmemente no tubo conetor do balão e fechado com firmeza para evitar a saída de ar. O recipiente da amostra foi agitado para transferir o gás do frasco. O sensor detecta então a percentagem de metano através de um medidor de metano.

3.12.3 Determinação da temperatura do digestor

A melhor temperatura para uma produção económica óptima de microrganismos varia entre cerca de 28 e 32 °C, ou seja, uma digestão mesófila. Neste estudo, o tanque teve uma digestão mesofílica em condições ambientais. A temperatura foi medida por um termómetro de mercúrio, que foi lido em cada fase de gaseificação do tanque. As temperaturas máxima e mínima lidas foram de 33 e 26 °C, respetivamente.

Os investigadores reconhecem que o gás produzido durante a digestão anaeróbia é altamente dependente da temperatura. Outros investigadores comentaram que um aumento da temperatura reduz o rendimento da produção de gás devido a uma elevada produção de amoníaco, que tem um efeito dissuasor [Babaei, 2010].

CAPÍTULO 4

4. Resultados e discussão

4.1 Cálculo da humidade relativa

As percentagens de humidade relativa das matérias-primas (cucurbitáceas, frutos e legumes) foram calculadas conforme apresentado no Quadro 4.1.

Quadro 4.1. Teor de humidade relativa (%) das matérias-primas

Sample	Initial weight (g)	Dry weight (g)	Moisture (%)
Cucurbits	839	430	48%
Fruits	863	456	47%
Vegetables	568	422	25%

4.2 Determinação das percentagens de carbono e de azoto

As percentagens dos teores de azoto e de carbono das matérias-primas (frutos, frutas e legumes) foram calculadas juntamente com as relações C/N (Quadro 4.2).

Quadro 4.2. Percentagens de azoto e carbono e relações C/N das matérias-primas

Sample	C/N	C%	N%
Cucurbits	32.601	13.04	0.4
Fruits	25.175	12.58	0.5
Vegetables	32.055	13.02	0.4

O azoto é o principal nutriente exigido pelos microrganismos. A relação C/N primária é um dos factores mais importantes que afectam a qualidade da digestão anaeróbia, que é também uma instrução para a alimentação primária na indústria de compostagem. Vários estudos observaram o ajustamento inicial dos rácios C/N para várias matérias-primas numa digestão combinada.

Devido a um elevado teor de carbono nos resíduos, o rácio C/N pode ter um impacto significativo no processo de degradação. Se a relação C/N for elevada, os metanogénios absorverão rapidamente o azoto para satisfazer as suas necessidades proteicas e deixarão de reagir com o teor de carbono dos materiais, o que conduzirá a uma menor produção de gás. Por outro lado, se a relação C/N for muito baixa, o azoto libertado é acumulado e convertido em amónio (NH4). A presença de amoníaco adicional aumentará o nível de pH, resultando num valor de pH superior a 8,5, com efeitos tóxicos para a população de metanogénios. Um substrato com uma relação C/N muito baixa aumenta a produção de amoníaco e inibe a libertação de metano. Uma relação C/N muito elevada implica uma carência de azoto, o que tem consequências negativas para a formação de proteínas e, consequentemente, para a energia e o metabolismo dos materiais estruturais dos microrganismos. Os resultados do presente estudo mostraram que a percentagem de azoto nos frutos era superior à das cucurbitáceas e dos legumes. Além disso, foi encontrada uma relação C/N mais elevada, com uma correlação inversa com o teor de N, nas cucurbitáceas do que nas hortaliças e nos frutos. Além disso, o teor de azoto total (NT), o teor de carbono total (CT) e a relação C/N total (CT/NT) foram calculados para as matérias-primas (Quadro 4.3).

Tabela 4.3. Cálculo dos rácios em função dos teores de carbono e azoto nas matérias-primas

Raw materials	C/N	N%	M	NT=M×N%	CT=NT×C/N	CT/NT
Cucurbits	32.601	0.4	637.5	2.55	83.13	32.6
Fruits	25.175	0.5	42.5	0.21	5.28	25.14
Vegetables	32.055	0.4	170	0.68	21.79	32.04
Total			850	3.44	110.2	89.87

4.3 Propriedades das entradas

A alimentação de entrada do digestor foi selecionada com base na amostra aleatória recolhida no mercado de fruta de Ghezel Ghaleh, com as especificações apresentadas no quadro 4.4.

Quadro 4.4. Especificações das amostras de alimentos para animais

Sample composition	Wet waste content (%)	Moisture content (%)
Tomatoes	15	95
Eggplant	15	91
Cucumber	15	96
Vegetables	20	94
Carrot	15	91
Potatoes	15	80
Fruits	5	95

A composição das matérias-primas na alimentação de entrada é a seguinte

Alimento de entrada = 3(Cucurbitáceas) * 1(4(Hortícolas) * 1(Frutos) (4.1)

Com base nos princípios da digestão anaeróbia, o biogás combinado tem um rendimento mais elevado do que um único (Marzban et al., 2012). Tendo em conta o teor de humidade e a relação C/N adequados das cucurbitáceas necessários para o processo de produção de biogás, bem como o maior volume deste tipo de resíduos nos mercados de frutas e legumes, esta investigação tentou aumentar a percentagem (75%) destes resíduos como entrada de alimentação no digestor. O tamanho das partículas deve ser suficientemente pequeno para proporcionar uma superfície de contacto adequada para a invasão e nutrição dos microrganismos. Caso contrário, forma um coágulo e, devido à presença de humidade, proporciona uma superfície impenetrável e inatividade nutricional para os microrganismos.

4.4 Resultados dos parâmetros de alimentação

Em cada fase de carga, foram calculados os rácios necessários e eficazes para a produção de biogás, incluindo sólidos totais (ST), sólidos voláteis para sólidos (SV/ST) e CQO, como se mostra no Quadro 4.5.

Quadro 4.5. Cálculo dos rácios necessários

Loading stages	N%	W (gr)	NT	C/N	CT	COD (mg/l)	TS	VS/TS
I	0.4	170	0.68	34.2	23.25	530	9	97
II	0.5	340	1.7	32.5	55.25	1078	8	97
III	0.4	510	2.04	30	61.2	2150	8	97
IV	0.4	680	2.72	31.6	85.95	3300	8.6	97
V	0.5	850	4.25	32.3	137.27	4100	8.5	97

De acordo com o Quadro 4.5, os níveis de CQO são máximos e mínimos na quinta e na primeira fase de carga, e os rácios C/N na terceira e na primeira fase, respetivamente. O teor mais elevado de percentis de TS foi encontrado na primeira fase de carga. Além disso, o teor de SV e o total de sólidos voláteis das amostras são iguais em todas as fases de carga.

4.5 Etapas de gaseificação

As informações gerais sobre o processo de gaseificação, incluindo a hora de início da operação, o tempo de descarga do gás e o volume de gás extraído, são apresentadas na Tabela 4.6.

Tabela 4.6. Procedimento geral de gaseificação

Gasification steps	Time	Time passed (h)	Biogas volume (L)	Gasification steps	Time	Time passed (h)	Biogas volume (L)
I	22	2:42	0.94	II	12:30	2:18	0.68
III	16:30	2:35	0.79	IV	20:45	2:55	1.76
V	15:15	1:52	0.24	VI	10:30	2:01	0.31
VII	9	2:10	0.48	VIII	21:30	1:34	0.15
Sum		18:07	5.35				

Um volume total de biogás de 5,35 L foi obtido do processo de gaseificação durante um tempo total de gaseificação de 18 h e 7 min. Os resultados e o processo de gaseificação podem ser comparados de acordo com a Figura 4.1. Além disso, a Figura 4.2 mostra os tempos necessários para as diferentes fases de gaseificação.

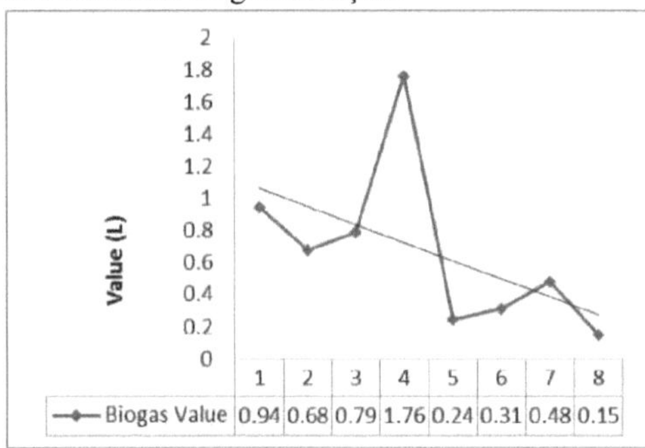

Figure 4.1. O processo de extração do volume de biogás em oito fases de gaseificação

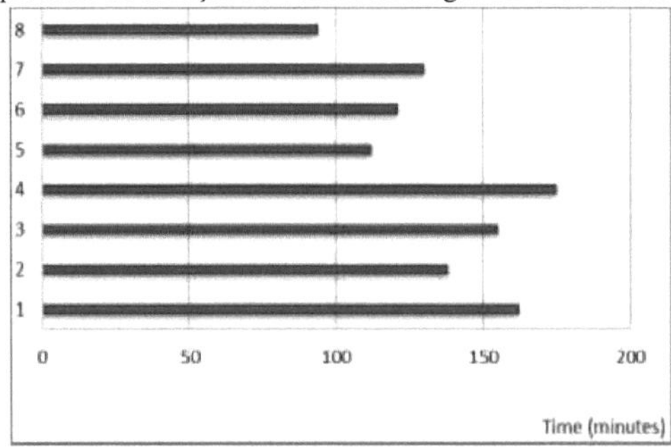

Figure 4.2. Comparação do tempo (min) despendido nas diferentes fases de gaseificação

As figuras acima mostram uma tendência geral para a diminuição do volume de biogás produzido durante a experiência.
A baixa quantidade de gás produzido foi causada por um baixo nível de alimentação na primeira fase. No entanto, a quantidade de gás aumentou após uma tendência decrescente com o aumento contínuo da alimentação na fase seguinte, dando origem a um aumento do volume de gás na quarta fase de gaseificação.
Este aumento pode dever-se ao aumento das entradas de alimentação através do aumento do peso da alimentação para, pelo menos, 700 g do primeiro ao terceiro carregamento, com uma duração mínima de descarga de gás de 170 min nesta fase. No final do período (etapa V em diante), a quantidade de gás extraído diminuiu devido à descarga do gás produzido nas etapas anteriores.
Babaei (2010) referiu que é necessária uma duração de 15 dias para o processo completo de digestão anaeróbia. Assim, o pico de atividade dos microrganismos corresponde ao volume de gás elevado na quarta fase experimental. A partir do 15^{oth} dia, a produção de gás diminuiu para um volume constante.
Marzban (2012) referiu que foi produzido um volume de gás de 39,1 L num tanque digestor, que é o volume mais elevado registado no dia 10th da experiência, após o que o volume de gás produzido diminuiu até ao dia 30th .
Este facto pode ser causado por uma diminuição do teor de proteínas como indicador nutricional dos microrganismos. Por conseguinte, os resultados da investigação acima referida são consistentes com o presente estudo.

Uma comparação dos dados relativos ao volume de biogás e ao tempo de evacuação do gás em cada etapa (Quadro 4.6 e Figs. 4.1 e 4.2) indica uma relação direta entre estes dois parâmetros, como ilustrado na Figura 4.3.

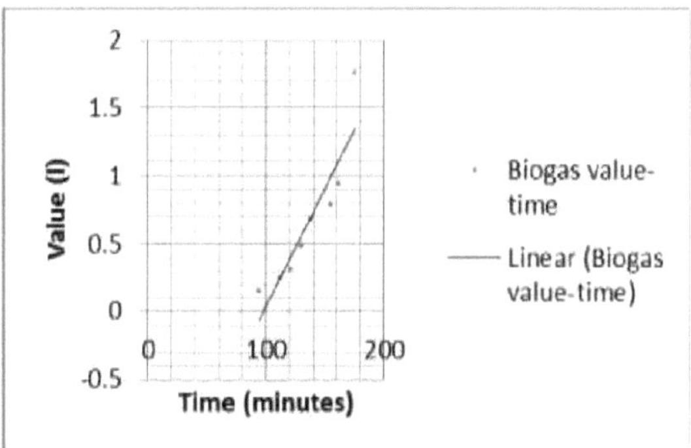

Figure 4.3. Relação direta entre o volume de gás e o tempo de descarga nas fases de gaseificação

4.6 Teor de gás metano

Os dados obtidos a partir das amostras recolhidas durante a gaseificação (no prazo de 25 dias), juntamente com os resultados do volume de biogás em cada etapa, são apresentados na Tabela 4.7.

Tabela 4.7. Teor percentual de metano durante o processo de gaseificação

Gasification steps	Biogas volume (L)	Methane content (%)	Gasification steps	Biogas volume (L)	Methane content (%)
I	0.94	14	II	0.68	24.2
III	0.79	32	IV	1.76	40.5
V	0.24	48.4	VI	0.31	68
VII	0.48		VIII	0.15	73
Methane content			46.35		

Com base nos dados apresentados na Tabela 4.7, pode-se concluir que o rendimento de metano neste digestor varia de 14 a 73%. Além disso, a percentagem de gás metano mostrou uma relação direta com o tempo de retenção da alimentação no digestor. Esta tendência crescente durante o período experimental pode ser claramente observada na Figura 4.4.

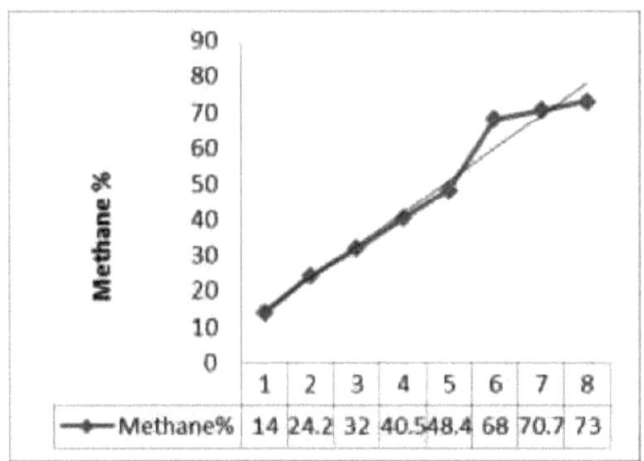

Figura 4.4. Teor de metano (%) durante o processo de gaseificação.

Além disso, foi encontrada uma relação relativamente inversa entre o volume de biogás e o teor de metano (Fig. 4.5).

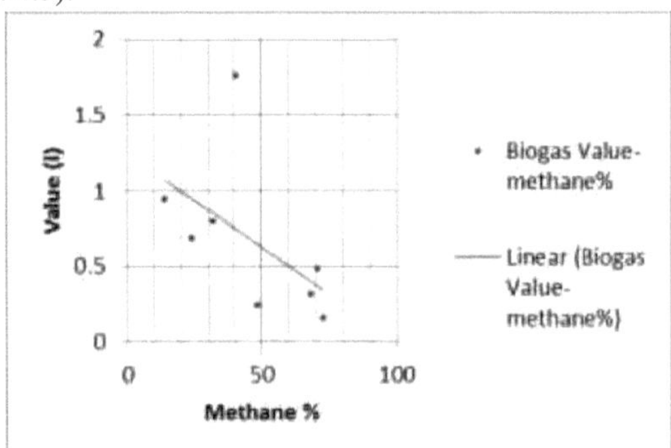

Figura 4.5. Relação inversa entre o volume de biogás e a percentagem de metano em determinadas fases do arejamento.

4.7 . Resultados do efeito da temperatura na digestão anaeróbia

Os resultados das temperaturas medidas nas várias fases de gaseificação são apresentados na Figura 4.6.

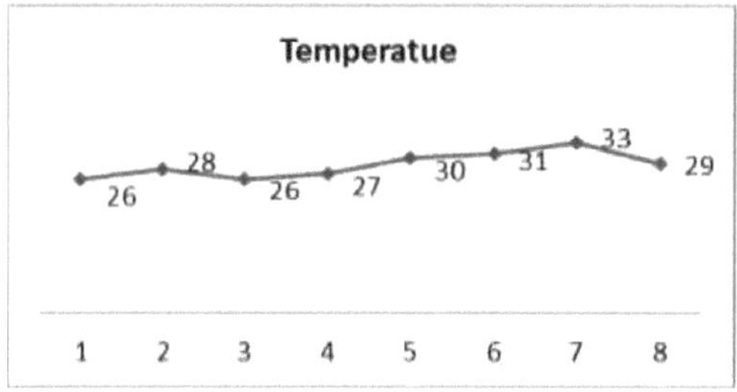

Figura 4.6. Flutuações de acidez durante oito fases de gaseificação

As figuras 4.7 e 4.8 mostram a relação entre a temperatura e o volume de biogás produzido com o teor percentual de metano.

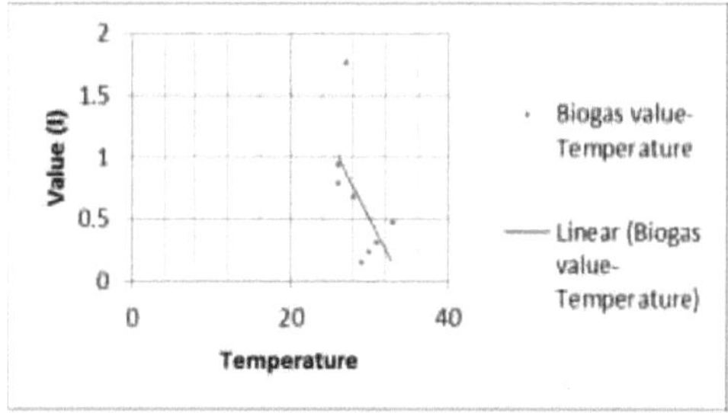

Figura 4.7. Relação inversa entre o volume de biogás e a temperatura do digestor em diferentes fases de gaseificação.

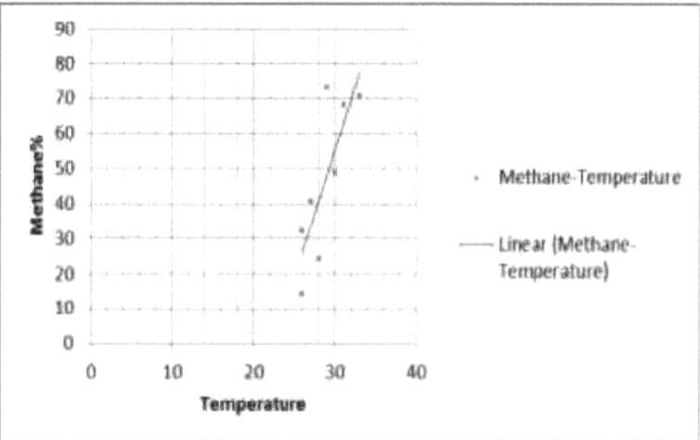

Figura 4-8. Relação direta entre a percentagem de metano e a temperatura do digestor nas fases de digestão aeróbia.

As figuras acima revelam uma relação direta da temperatura com o teor percentual de metano e uma correlação inversa desta com o volume de biogás. Por outras palavras, a eficiência da produção de metano aumenta com o aumento da temperatura do digestor. Os investigadores acreditam que o gás produzido durante a digestão anaeróbia depende fortemente da temperatura. Hansen (1999) sugeriu que o metano produzido tem uma relação linear direta com a temperatura, de tal modo que uma gama de temperaturas de 25-44 °C produz 26-42% da produção de metano, o que é consistente com os resultados do presente estudo. Além disso, os nossos resultados mostraram que um aumento da temperatura do digestor resulta numa diminuição do volume de gás produzido. Outros investigadores comentaram que um aumento da temperatura reduziria o rendimento da produção de gás devido a uma elevada produção de amoníaco com um efeito inibidor, o que também corresponde a resultados anteriores [Amrani et al., 2006]. Considerando a importância da temperatura, esta pesquisa tentou aproximar a configuração do digestor às condições ambientais com a consideração simultânea do consumo de energia.

CAPÍTULO 5

5. Conclusões e recomendações

Neste estudo, uma alimentação combinada de resíduos de frutas e legumes, incluindo várias cucurbitáceas, legumes e frutas, foi utilizada para produzir biogás através do processo de digestão anaeróbia.

Os teores de humidade mais elevado e mais baixo foram medidos nas cucurbitáceas (48%) e nos legumes (23%), respetivamente. Além disso, a percentagem calculada de azoto dos frutos foi superior à dos legumes e das cucurbitáceas, mas a quantidade de carbono nas cucurbitáceas foi superior à dos frutos e dos legumes. Por conseguinte, o rácio C/N nestes compostos era da seguinte ordem: cucurbitáceas > legumes > frutos. As entradas de alimentação do digestor foram seleccionadas como 75% de cucurbitáceas e 25% de frutos e legumes.

As cucurbitáceas eram tomates, beringelas, pepinos, cenouras e batatas. Os legumes consistiam em cebolinha, salsa, feno-grego, espinafres e alface. E as frutas eram compostas por pêssegos, maçãs e nectarinas. Para a realização do ensaio, foi utilizada uma mistura de matéria orgânica e água (1,5 L) como principal entrada de ração. A alimentação foi vertida no digestor em cinco fases durante 25 dias. As operações de extração de gás foram efectuadas de três em três dias.

Os níveis mínimos e máximos de CQO da alimentação foram medidos nos momentos de carga da quinta e primeira etapas, respetivamente. Foram também observados os rácios C/N mínimos e máximos da alimentação na terceira e primeira fases de carga, respetivamente. Além disso, a percentagem mais elevada de sólidos totais (ST) foi observada na primeira fase de carga da presente experiência. Também vale a pena notar que a percentagem VS/TS (97%) de toda a amostra de ração foi constante em todos os carregamentos.

No primeiro estágio de gaseificação, foi produzido um volume de gás de 0,94 L após três dias de carregamento devido a uma baixa quantidade de alimentação adicionada ao tanque. No segundo estágio de gaseificação, o volume de gás extraído reduziu-se a 0,68 L devido à extração de gás e a um curto intervalo entre o carregamento e a gaseificação.

O processo de redução cessou na terceira etapa, obtendo-se um volume de gás de 79,9 L. A quarta etapa de gaseificação esteve associada a um aumento abrupto do volume de biogás produzido (1,76 L), o que pode ser atribuído à terceira carga, ao aumento da temperatura do digestor e ao pico de atividade dos microrganismos no dia 15th , após o que o volume de gás se reduziu para 0,24 L na quinta etapa, devido à passagem do pico de atividade e à coincidência com a quarta carga. Esta tendência manteve-se nas etapas posteriores, ou seja, conseguiu-se um rendimento constante com essa quantidade de volume de gás.

A percentagem de metano no biogás extraído revela um aumento de 14% na primeira fase de gaseificação para 73% na oitava fase, com uma tendência relativamente constante. A percentagem de gás metano foi diretamente proporcional ao tempo de retenção da alimentação no digestor, mas teve uma relação inversa com o volume de gás extraído. Além disso, a temperatura apresentou uma correlação direta com a percentagem de metano, ou seja, a produção de metano aumentou com o aumento da temperatura do digestor, o que, por sua vez, reduziu o volume de gás produzido.

De acordo com os resultados e análises relacionados apresentados no capítulo anterior, as seguintes conclusões podem ser apresentadas como condições óptimas para a obtenção de um produto no menor tempo possível, juntamente com uma elevada qualidade, tendo em conta vários factores (a quantidade e a composição dos materiais, a relação C/N, a agitação da mistura, a temperatura ambiente, etc.), bem como a experiência adquirida, a teoria disponível e os dados de investigação.

- A dimensão das partículas deve ser suficientemente pequena para proporcionar uma superfície de exposição adequada para a invasão e nutrição dos microrganismos. Caso contrário, provoca a coagulação e cria uma superfície de penetração inerte e a inativação nutricional dos microrganismos devido à presença de humidade.
- A água é um dos principais elementos para a nutrição dos microrganismos, sendo também necessária para o movimento das bactérias, a atividade das enzimas celulares, a hidratação dos biopolímeros e a facilitação da rutura celular, pelo que deve estar suficientemente disponível. Por outro lado, uma quantidade elevada de humidade traz inúmeros problemas e barreiras ao desenvolvimento de um processo de fermentação adequado. Um rácio de 1: 1 tem sido reportado como sendo o melhor para o conteúdo de água no digestor.
- Outro fator importante no processo de produção de biogás é a ausência de oxigénio em condições anaeróbias. O sistema deve ser completamente coberto e isolado para evitar a troca de ar entre os materiais do digestor e o ar exterior. O biogás será produzido em condições anaeróbias. A entrada de ar no digestor perturba o processo de digestão.
- Uma temperatura de 28-32 °C é óptima para uma produção rentável (isto é, digestão mesofílica) por microrganismos.
- É necessário agitar o digestor para evitar a coagulação da camada rígida superficial, a precipitação de material no chão do reator, a criação de um ambiente homogéneo e a manutenção de condições uniformes em todo o digestor, bem como a igual disponibilidade de microrganismos para nutrientes em todos os níveis superior, médio e inferior do digestor. Se o digestor não for agitado, os materiais leves acumulam-se na superfície do substrato e os materiais pesados depositam-se no fundo do digestor, levando à inatividade dos microrganismos.
- Proteína, gordura, fibra, celulose, hemicelulose, amido e açúcar são significativamente afectados pela formação de metano, bem como factores-chave para a produção de metano a partir de subprodutos energéticos e resíduos orgânicos.
- Os resíduos de frutas e legumes são considerados como os principais tipos de resíduos urbanos. Em muitos países, estes resíduos têm um enorme potencial para serem convertidos em energia. No Irão, é possível gerar uma energia limpa e renovável a partir destes resíduos, juntamente com uma gestão de resíduos bem sucedida.
- A eficiência económica da digestão anaeróbia depende dos custos de investimento, do custo de lançamento de uma unidade de biogás e da produção óptima de gás metano [Marzban et al., 2012].

5.1 Propostas de investigação

- Investigação sobre diferentes alimentos para animais e determinação do melhor alimento

para os resíduos dos mercados de frutas e legumes;
- Comparação de resíduos sólidos urbanos com resíduos de frutas e legumes em termos de factores que afectam a produção de biogás;
- Comparação dos resíduos agrícolas com os resíduos de frutas e legumes em termos de factores que afectam a produção de biogás;
- Fabrico de digestores comerciais de grandes dimensões para estudar a digestão anaeróbia e a produção de biogás a partir de resíduos de frutas e produtos hortícolas;
- Investigação da utilização de agitadores mecânicos de pequena e grande escala para a digestão anaeróbia de resíduos de frutas e legumes e produção de biogás.

5.2 Conclusão final

Os resultados deste estudo indicam que a produção de biogás e metano é possível a partir da digestão anaeróbia de resíduos de frutas e legumes. Os resultados da investigação são resumidos a seguir.

1. É muito importante preparar os materiais de alimentação antes do carregamento no digestor. Por conseguinte, os resíduos devem ser triturados e misturados com água numa proporção de 1:1.
2. As cucurbitáceas (75%) e os frutos e legumes (25%) foram seleccionados como matéria-prima para o digestor.
3. Os valores mínimo e máximo da CQO da alimentação foram obtidos na quinta e na primeira fase de carga, respetivamente.
4. Os níveis mínimo e máximo das relações C/N da ração foram observados na terceira e na primeira fase de carga, respetivamente.
5. A percentagem mais elevada de sólidos totais (ST) foi observada na primeira fase de carga da presente experiência.
6. Um volume baixo (0,94 L) de gás (comparado com um pico de 1,76 L) foi produzido na primeira fase de gaseificação devido a uma baixa quantidade de alimentação no tanque.
7. Um elevado volume (1,76 L) de biogás produzido foi abruptamente observado na quarta fase de gaseificação, o que pode ser atribuído à terceira carga, a um aumento da temperatura do digestor, e ao facto de atingir o pico de atividade dos organismos na véspera do 15º diath .
8. Na quinta fase, o volume de gás reduziu-se para 0,24 L devido à passagem do ponto de atividade máxima e à coincidência com o quarto carregamento. Esta tendência manteve-se nas fases posteriores, ou seja, foi alcançada uma estabilidade com essa quantidade de volume de gás.
9. A percentagem de metano no biogás extraído revelou um aumento de 14% na primeira fase de gaseificação para 73% na oitava fase, através de uma tendência relativamente constante.
10. A percentagem de gás metano era diretamente proporcional ao tempo de retenção da alimentação no digestor, mas tinha uma relação inversa com o volume de gás extraído.
11. A temperatura tinha uma relação direta com a percentagem de metano, por outras palavras, a produção de metano melhorava com o aumento da temperatura do digestor.

12. A temperatura apresentou uma relação inversa com o volume de biogás extraído, ou seja, o volume de gás produzido diminuiu com o aumento da temperatura do digestor.

CAPÍTULO 6

6. Referências

1. Amiri, L. 2009. Investigando e determinando o potencial de produção de energia a partir de resíduos em zonas rurais do Irão. Tese de Mestrado, Universidade de Teerão, Faculdade de Ambiente.
2. Babaei, A. 2010. Projeto de um sistema anaeróbio para resíduos sólidos. Tese de Mestrado. Universidade de Tecnologia Sharif, Faculdade de Química e Petróleo. 88 p.
3. Cheraghali, A., Abbasi, A. 2007. Gestão de resíduos de frutas e legumes em Teerão. Quinta Conferência Internacional sobre Gestão. Teerão, Irão.
4. Hosseini, S. Sh. 2012. Investigação do fenómeno das alterações climáticas e dos seus efeitos no uso natural do solo em Gorgan Rood. Tese de mestrado em Ciências Ambientais, Universidade Islâmica Azad, Secção de Ciência e Investigação, Teerão.
5. Derakhshanfar, M., Hosseini, S.H., Derakhshanfar, H., Haji Amini, M. 2012. Extração de biogás de resíduos de frutas e vegetais na Organização para Mercados de Frutas e Vegetais da Cidade de Semnan para uso na geração de energia. Terceira conferência sobre bioenergia (biomassa e biogás) no Irão, Teerão.
6. Organização para a Nova Energia, 2011. O quarto relatório da Organização para a Nova Energia (sana). 369 p.
7. Organização dos mercados de frutas e legumes do município de Teerão, 2014. Portal na Internet do município de Teerão, gabinete de automatização, praças e mercados. Disponível em www.mayadin.tehran.ir.
8. Sa'idi, S. 2010 Estudo quantitativo e qualitativo do biogás produzido a partir de estrume de resíduos urbanos em combinação com resíduos agrícolas. Tese de mestrado. Universidade de Ciências Agrícolas e Recursos Naturais de Sari.
9. Shabani Kia, A., Nazari, A., Khalaji Asadi, M. 2001. Effects of biogas plant construction on energy supply and reduction of environmental problems of municipal waste in Tehran. Terceira Conferência Nacional sobre Energia Iraniana, Organização Iraniana de Energia Atómica. Centro de Desenvolvimento de Novas Energias, Divisão de Biogás.
10. Shaykh al-Islami, J. e Keshtkar, AS. 1998. Processo de produção de biogás, Segunda Conferência Nacional sobre Aldeia e Energia.
11. Hoosheyar, A. 2011. Fundamentals of Bioenergies, First Edition, Nasoah Publishing House, Isfahan, 376 p.
12. Sheikh Ahmadi, A. Zargarzadeh, M. 2007. Utilização de energias renováveis para a produção de energia eléctrica. Escola de Engenharia, Teerão.
13. Omrani, Q. 1997. Biogas Development in Iran and the World (Desenvolvimento do biogás no Irão e no mundo). Jornal de Ecologia 19.
14. Omrani, Q. Shirazi, S. 2008. Cálculo da produção de biogás a partir de um aterro não sanitário na cidade de Robat Karim utilizando o pacote de software LANDGEM. www.civilica.com.
15. Omrani, Q., Safa M., Golbabaei, F. 2006. Avaliação do desempenho do agitador mecânico específico para sistemas de biogás chineses. Journal of Ecology 40, 19-26.

16. Kardashi, A. AS e Adl, M. 2001. Biogas in Iran (available potential, current extraction, and future prospects). Terceira Conferência Nacional sobre Energia no Irão.
17. Karbasi, A. e Baghvand, A. 2009. Utilização da energia do biogás dos resíduos urbanos como combustível alternativo. Terceira Conferência Nacional sobre Gestão de Resíduos, Faculdade de Ambiente. Universidade de Teerão.
18. Karbasi, M.R., Mohammadi, P., Mehrdadi, N. e Adl, M. 2004. Avaliação do processo de digestão anaeróbia de resíduos municipais corrosivos. Ecology34, 19-15.
19. Marzban, A., Hashemi, S.J., Tabatabai Keloor, S.R., Chashnidel, Y. 2012. Investigação do rendimento da produção de biogás a partir de palha de arroz combinada com estrume. Terceira conferência sobre bioenergia no Irão, Teerão.
20. Marandi, A. Dehdastian, M. 2011. Investigating the possibility of using biogas in Iran, Islamic Azad University, North Tehran.
21-Adgad, on. Sponza, DT. 2007. Co-digestão de lamas industriais mistas com resíduos sólidos urbanos em bioreactores anaeróbios simulados de aterro sanitário. J Hazard mater; 140:75-85.
22-Anónimo. 2005. planning and installing bioenergy systems-a guide for installers, architects and engineers. uk & usA: German solar energy society (DGS) and Ecofys, james & james science publisher ltd.
23-APHA, 1998. Standard Methods for the Examination of Water and Waste Water, 19ª editada pela American Public Health Association Washington, Dc.
24-Banks, C.J. 1994. Digestão anaeróbia de fracções sólidas e com elevado teor de azoto de resíduos de matadouros. Processamento de alimentos ambientalmente responsável. AlChE Symp. Ser. 90: 48-55.
25-Banks, C.J. e Z. Wang. 1999. Desenvolvimento de um digestor anaeróbio de duas fases para o tratamento de resíduos mistos de matadouro. Water Science and Technology 40: 67-76. 26-Biswas, J., R. Chowdhury, e P. Bhattacharya. 2007. Modelação matemática para a previsão das características de geração de biogás de um digestor anaeróbio baseado em resíduos alimentares/vegetais. Biomass and Bioenergy 31: 80-86.
27-Braun, R. 1982. Biogas-methangarung organischer Abfallstoffe: Grundlagen und Anwendung sbeispiele (innovative energietechnik). springer , wien, new yourk, ISBN 3-211-81705-0.
28-Callaghan, F.J., D.A. Wase, K. Thayanithy, e C.F. Forster. 2002. Co-digestão contínua de chorume de gado com resíduos de frutas e legumes e estrume de galinha. Biomass and Bioenergy 27: 71-77.
29-Chandra. R, Takeuchi. H, Hasegawa. T. 2012. Methane production from lignocellulosic agricultural crop wastes: a areviewin context to second generation of biofuel production, renewable and sustainable Energy reviews. 16: 1462-1476 30-Chavez, C.P., R.L. Castillo, L. Dendooven, e E.M. Escamilla- Silva. 2005. Tratamento de águas residuais de abate de aves de capoeira com um reator anaeróbio de fluxo ascendente (UASB). Bioresource Technology 96: 1730-1736.
31-Chen, ZB. Hu, DX. Zhang, ZP. Ren, NQ. Zhu, HB. 2009. Modelação do processo anaeróbio bifásico de tratamento de águas residuais da medicina tradicional chinesa com o

modelo de digestão anaeróbia IWA .no .1.Biores technol. 100:4623-31
32-Chynoweth, D.P. & Isaacson, R. 1987. Anaerobic Digestion of Biomass. Elsevier Applied Science Publisher Ltd, GB.
33-Colin, X., J.L. Farinet, O. Rojas, e D. Alazard. 2007. Tratamento anaeróbio de águas residuais da extração de amido de mandioca utilizando um filtro de fluxo horizontal com bambu como suporte. Bioresource Technology 98: 1602-1607.
34-De Baere, L. 1999. Digestão anaeróbia de resíduos sólidos: Estado da arte. In Proceeding of the Second International Symposium on Anaerobic Digestion of Solid Wastes(Vol.1), Mata- Alvarez, J., A. Tilche, and F. Cecchi, (Eds.), pp. 290-299. 35-Eaton, A., Clesceri, L. & Greenberg, A. 2005. Standard methods for the examination of water and wastewater. Washington. DC: APHA, AWWA e WEF. 36-Fang, C. Boe, K. Angelidari, I. 2011. Co-digestão anaeróbia de melaço desugerido com estrume de vaca, com foco na inibição de sódio e potássio.
Bioresource technology, 102:1005-1011.
37-Hame linck, Cn. van Hooijdonk, G. faaij, APC. 2005. Ethanol from lignocellulosic biomass: Desempenho técnico-económico a curto, médio e longo prazo. Journal of Biomass & Bioenergy, 28:384-410.
38-Hansen, K.H., I. Angelidaki, e B.K. Ahring. 1999. Improving thermophilic anaerobic digestion of swine manure (Melhorar a digestão anaeróbia termofílica de dejectos de suínos). Water Resource 33: 1805-1810.
39-Hartmann, H. Ahring, B.k. 2005. Anaerobic digestion of the organic fraction of municipal solid wastes in fluence of co- digestion with manure, water Res. (3), 15431552.
40-Hobson, P. N e et.al. 1993. Anaerobic digestion modern theory and practice, Halsted press, john wity &sons, inc. new york.
41-Lianhua, li. Dong, li. Yongming, sun. Longlong, ma. Zhenhony, yuan. xiaoying kong. 2010. efeito da temperatura e da concentração de sólidos na digestão anaeróbia da palha de arroz na china. international journal of hydrogen energy. 35:7261-7266. 42-Linke, B. 2006. Estudo cinemático da digestão anaeróbia termofílica de resíduos sólidos do processamento de batata. Biomassa e Bioenergia 30: 892-896.
43-Lopes, WS. Leitw, VD. P. 2004. Influência do inculum no desempenho de reactores anaeróbios para o tratamento de resíduos sólidos urbanos. Biores technol. 94:261-6.
44-Macias, M. C., Zohrob, S., Adrian, H., Geoffreg, S., Paul F., Hui yu. gohu long, 2008. Vale a pena. Anaerobic digestion of municipal solid waste and agricultural waste and the effect of co-digestion with dairly cow manure . Biore source technology, 99:8288-8293
45-Mshandete, A., A. Kivaisi, M. Rubindamayungi, e B. Mattiasson. 2004. Anaerobic batch co- digestion of sisal pulp and fish wastes. Bioresource Technology 95: 19-24.
46-Salimnen, E. e J. Rintala. 2002. Anaerobic digestion of organic solid poultry slaughterhouse waste- a review. Bioresource Technology 86: 13-26.
47-Salimnen, E., J. Rintala, L.Y. Lokshina, e V.A.Vavilin. 2000. Anaerobic batch degradation of solid poultry slaughterhouse waste. Water Science and Technology 41: 33-41.
48-Salimnen, E.A. e J.A. Rintala. 1999. Anaerobic digestion of poultry slaughtering wastes

(Digestão anaeróbia de resíduos de abate de aves). Environmental Technology 20: 21-28.
49-Sun, y. cheng, j. 2002. Hydrolysis of lignocellulosic materials for ethanol production : a review. journal of bioresource technology, 83:-11
50-Zinder, S.H. 1984. Microbiologia da conversão anaeróbia de resíduos orgânicos em metano: desenvolvimentos recentes. ASM News 50: 294-298.

Printed by Books on Demand GmbH, Norderstedt / Germany